“十四五”时期国家重点出版物出版专项规划项目
智慧建筑与建成环境系列图书
黑龙江省精品图书出版工程

城市住区建成环境适老化微更新研究

慕竞仪　张姗姗　隋　铮　著

哈爾濱工業大學出版社
HARBIN INSTITUTE OF TECHNOLOGY PRESS

内容简介

本书主要探讨寒地城市住区适老化微更新的理论与实践方法。书中详细分析了我国寒地城市住区的现状、老龄化发展趋势、养老模式，以及基于微更新视角的适老化需求；结合国内外相关理论，如积极老龄化、住居学、复合养老理论等，提出了住区适老化的评价指标体系，旨在通过微更新策略，优化住区环境，提升老年人居住的舒适性和生活质量。本书的研究特色在于通过实地调研和需求分析，建立了适合寒地老年人的住区更新方法论，并提供了具有操作性的改造建议。

本书的主要读者对象为城市规划师、建筑师、养老服务从业者以及相关领域的研究人员。同时，因其对寒地城市住区的特殊性和老龄化问题的深入剖析，也适合社会学、老龄化研究及公共政策制定者参考，帮助他们更好地了解和解决寒冷地区老年人居住环境面临的挑战。

图书在版编目(CIP)数据

城市住区建成环境适老化微更新研究/慕竞仪，张姗姗，隋铮著. —哈尔滨：哈尔滨工业大学出版社，2025.8. —(智慧建筑与建成环境系列图书). —ISBN 978-7-5767-1846-1

Ⅰ. TU241.93

中国国家版本馆 CIP 数据核字第 20251KG254 号

策划编辑　王桂芝　张　荣
责任编辑　佟　馨　李青晏　那兰兰
出版发行　哈尔滨工业大学出版社
社　　址　哈尔滨市南岗区复华四道街 10 号　邮编 150006
传　　真　0451-86414749
网　　址　http://hitpress.hit.edu.cn
印　　刷　哈尔滨博奇印刷有限公司
开　　本　720 mm×1 000 mm　1/16　印张 13　字数 255 千字
版　　次　2025 年 8 月第 1 版　2025 年 8 月第 1 次印刷
书　　号　ISBN 978-7-5767-1846-1
定　　价　68.00 元

前　言

随着全球人口老龄化的加剧，如何为老年人提供更加舒适、安全、便捷的居住环境成为各国面临的重要挑战。中国作为全球人口第二多的国家，老龄化问题同样日益凸显。相较于机构养老，我国老年人更倾向于居家养老的方式度过晚年，住区建成环境对老年人的生活品质有重要的影响。尤其是在城市住区的建成环境中，随着老年人口比例的增加，城市住区适老化需求日益迫切，在住区建成空间、环境品质、辅助设施和服务等方面的需求日益加剧。通过对我国寒地城市住区的微更新研究，我们可以更好地了解老年群体的需求，并提出相应的改造策略，提升居住环境的适老化水平。

本书旨在探讨寒地城市住区在适应老龄化社会需求背景下的更新路径，重点关注如何通过微更新手段，改善居住环境中的适老化问题。微更新作为一种低干预、高效益的更新方式，能够在不大规模拆迁重建的情况下，对老旧住区进行针对性优化，改善住区建成环境，提升居民生活质量，特别是老年人的生活体验。

本书详细分析了寒地城市特有的气候条件对住区适老化设计的影响，通过大量实地调研和数据采集，系统分析老年人对住区建成环境的需求和评价。从功能与空间布局、交通与流线、服务与设施、绿化与景观和室内环境五大方面，构建了微更新视角下的寒地住区适老化评价指标体系，并提出创新性的设计策略。我们希望本书的研究成果能够为相关领域的学者、建筑师、规划师、政策制定者提供有价值的参考，也为未来的寒地城市住区适老化建设提供理论依据和实践指导。

作　者

2025 年 5 月

目 录

第1章 导 论

1.1 研究背景

1.1.1 积极老龄化理念的倡导

积极老龄化(active ageing),指的是为了提高老年人的生活质量,确保其能够安度晚年,而积极鼓励其健康参与相关活动,并将其利益最大化的过程。此概念最早是21世纪初由世界卫生组织在世界老龄大会上提出的,即刻在世界范围内得到了认可。因此,积极老龄化正式写入了相关宣言和计划,成为此类会议有史以来最有价值的成果之一。世界卫生组织出版了与此概念相关的专著。如果将积极老龄化这一概念与“健康老龄化”相比较,后者是鼓励老年人要时刻保持良好的生理、心理等方面的状态,前者则不仅强调老年人要保持良好的状态,更强调老年人的社会属性,鼓励其积极参与社会发展,更好地融入社会。可以说,该次大会上所形成并通过的相关宣言与计划为此概念的形成奠定了坚实的理论基础,其中对相关概念及相关政策所进行的详尽阐释令人耳目一新,即社会不应该将老年人视为负担和累赘,而是要充分发挥其主观能动性,使其成为社会发展的重要力量。积极老龄化的推广和实施需要政府、社会团体、企业共同参与。积极老龄化的根本目的是提高老年人的生活质量,同时促进老年人生理和心理健康全面发展,从根本上解决社会老龄化严重的现象。

老年人的健康发展对于社会经济以及社会的稳定起到巨大的推动作用。整个社会需要给予老年人更多的呵护和关爱,给老年人提供一个和谐稳定的晚年生活。社会各界应关注老年人的身体和心理健康,关注老年人群体的生活需求和精神需求,提高老年人的生活质量。不断完善各类社会保障制度,持续关注老年人的需求变化。要以老年人需求为导向,健全和探索各类养老模式和社会保障制度,不断改革,从根本上维护老年人的合法权益,促进社会的和谐健康发展。掌握老年人的实际情况,有效提高资源的利用效率。

1.1.2 我国老龄化与养老模式变革

从总体上来看,我国老龄化与养老模式特点可概括为三个方面的特点:

①沿海发达地区的老龄化问题明显高于其他地区,相关数据显示,上海早在

20 世纪 70 年代末即已经面临着此类问题，而宁夏则在 2012 年才真正开始面对相关问题。

②相关数据显示，相关问题在城市和农村中有着明显的差异，后者的老龄化水平明显高于前者，相关研究人员表示，在 2040 年之前，此问题会始终存在，到 21 世纪的中后期，此状况才可能会有所改善，并逐步实现这一状态的真正扭转，而此特点也是其他老龄化国家所不具备的。

③相关数据显示，女性明显多于男性，前者比后者多了 400 余万，同时，分析结果认为，至 2049 年，二者差距将达到最大的 2 000 余万，之后，这一差距会逐渐缩小，并将在 21 世纪的中后期维持在 2 000 万的水平之下，其中女性年龄有一半以上会超过 80 岁。

我国寒地城市的老龄化发展趋势跟西方发达国家以及国内发达地区相比都有极大的不同，因此寒地城市在完善现阶段的养老模式时，一方面需要根据国家的基本国情和国家的经济发展状况来看，另外一方面，需要结合社会主流发展的价值观和养老模式做出一定的改变，但切记不能够将其他地区的管理和经营模式照搬照抄，这样不仅不能够完善当下的养老模式，反而还会给养老发展带来严重的阻碍。

社会人口的增多，老龄化现象持续严重，不可避免会给社会和人们的生活带来诸多的压力与不便，社会发展需要通过养老和医疗等多个方面给人们提供更好的保障制度，不断完善现有的养老资源体系，建立养老服务基础设施和资源的合理搭配，为社会老龄化人口提供健全的养老环境。从人际关系方面而言，老年人的增多，主要劳动力的减少，导致两者出现最大的利益冲突，同时会对城乡的和谐发展带来巨大的压力。

居家养老、机构养老、社区养老这三种养老模式是中国老年人的主要选择。在随后的发展过程中，养老模式选择的范围将不断拓宽。这三种养老模式都有各自的优势与不足，现阶段我国的老年人大多数选择居家养老的方式，老年人跟晚辈一起生活，彼此之间能够互相照应，并在一定程度上有利于双方情感的交流与沟通。但这种养老方式也有其缺点，由于家庭成员对于养老方面的知识了解得不够全面，在老年人的照料和护理方面略显欠缺，导致老年人的养老生活质量不能够得到应有的保证，同时不可避免地出现由于代际生活习惯和生活方式差异而产生的各类矛盾。

近年来，机构养老模式逐渐被老年人接受，老年人入住政府或者私人开办的养老设施，这种养老模式称为机构养老。机构养老在当下主要是针对无儿无女或者儿女没有能力照顾的老人，这种养老机构无论是在规模方面还是在管理模式方面相对比较简单。受我国的养老观念影响，大多数人不愿意选择机构养老，因此从一定程度上来看，机构养老只能说是当下养老模式的一种辅助方式。

伴随着独生子女家庭老龄化数量的不断增加，无论是社会的结构还是家庭的发展模式都发生了翻天覆地的变化,对很多具有一定经济实力的家庭来说,他们大多愿意选择社区养老的模式,是由于能够得到专业护理,同时获得更多与其他老年人交流的机会。社区养老模式之所以能够得到大家的认可,第一个主要原因是社区养老模式能够将有效的资源进行充分的利用,尽最大可能为老年人提供更加优质的服务;第二个原因是由于新的时代发展变化和新的思想观念影响,大家更愿意选择这种高质量的服务体验。近几年,很多省份开始陆续制定相关政策,积极支持和鼓励民间资本进入养老产业。政府通过政策扶持、资金奖励等方法,吸引社会组织、个人加大对养老项目的投资。

虽然现阶段我国寒地住区建设已经获得了一定的成功管理经验,但还无法从根本上真正满足老年人的生活和心理需求,因此社区养老的入住情况不容乐观。

第一,老年住区大多数是选择城市的郊区位置,这样虽然能够给老年人提供较好的居住环境,但与家庭成员分开时间过久,在一定程度上不利于老年人与家庭成员之间的情感交流,同时给子女探望老人也带来了诸多不便,久而久之,会对老年人的心理健康状况产生不利的影响,甚至还会使得老年人与社会生活出现严重脱节。

第二,由于住区基本为同层次的老年人,年龄结构相对单一,因此在一定程度上会对他们的交流产生不良的影响。正常情况下,大家可能会认为,同龄人之间应该有更多的共同语言,但实际上老年人并不喜欢与同龄人之间进行过多的交流与沟通。老年人大量聚集,一方面互相之间会加大病情的传染,另外一方面老年人的过世也会影响他们的心情,甚至会给老年人带来不良的心理影响。

第三,社区养老大多数是针对高收入的家庭,但经济实力相对殷实的家庭并不在多数,我国现阶段还没有足够的资金来建立一个这样单独的养老体系。

由于养老的模式在不断地朝着多元化的方向发展,养老的选择范围在不断拓宽,老人的身心状况和家庭状况也在不断地发生着变化,老年人对于养老提出了更高的要求和标准,传统的养老模式和居住环境已经不能够满足当下老年人的养老需求。现阶段,我国居民大多数是采用居家养老的方式,这种养老方式本身具有一定的硬软件基础设施,其次,可以通过相关的设计和策略进行针对性的完善和改变,使得老年人的活动区域和范围更加广泛,并能够给他们提供参与社会生活的机会,不断完善和提高老年人的养老质量。

伴随着社会老龄化人口的不断加剧,老年人成为社会的主要活动人群,因此对于养老模式需要根据国家现阶段的发展情况和养老人口实际数量做出一定的改变和调整。生活在城市住区的老年人能够根据家庭和个人的实际情况选择适合自身的养老模式,但如果能够根据现阶段的实际情况,采取多种养老模式结合的方式,则可以实现多种养老模式之间的优势互补,尽可能完善和健全我国社会老龄化的发展。

1.1.3 适应多样性需求的寒地住区更新改造

1. 寒地适老化需求

早在20世纪80年代世界相关问题大会上即已经明确指出,住区适老化问题应该早日提上各国政府的工作日程,必将成为未来各国城乡建设发展规划的潮流和趋势,因为对于老年人而言,住所不应该只是其居住生活的场所,更要考虑到其对于老年人的心理及社会方面的影响。因此,建设适老居所要能够尽量满足老年人的生理和心理需求,使其更好地参与到社会发展当中去。

对于人口老龄化问题,我国采取了积极的应对措施。国务院印发的《"十四五"国家老龄事业发展和养老服务体系规划》,以习近平新时代中国特色社会主义思想为指导,实施积极应对人口老龄化国家战略,推动老龄事业和产业协同发展,构建和完善兜底性、普惠型、多样化的养老服务体系,以满足老年人日益增长的多层次、高品质健康养老需求。京沪等经济发达城市开始了相关设施的规划工作,因为老年人的住所,绝不仅仅是其生活居住的场所,环境和设施的适老化水平都会在很大程度上影响甚至决定其生活质量,我国的居所适老化建设已经开展得有声有色,但随着社会的发展,不足逐渐显现出来,虽然国家各部委及各级政府亦出台了若干标准,比如现行的相关设施规划规范及老年人居住建筑设计规范等,但笔者认为,从当前情况来看,一部分已经不符合国家标准的要求和属性,因此笔者对此类现行规范予以详细整理。

事实上,无论是标准,还是规范,主要是集中在住所的设计层面,而对于住区适老化的概念和标准则不仅不够清晰,甚至可以说是模糊的、人云亦云的,同时,在相关改造上也存在统一标准缺失的问题。

我国寒地城市住区适老化存在以下几个方面的问题:

(1)既有住区难以实现适老化更新改造。

社会老龄化现象在不断增多,既有建成区需要根据当下的实际需要和需求进行无障碍改造,为老年人的住区入口增设坡道、公共基础设施、日常料理间、室内活动区域等。近几年来,我国的住区大多数已经加装电梯,但在一定程度上给既有住区的改造增加了难度。主要是由于老旧住区的室内改造难度系数高,没有明确的地方实施细则标准与方案,同时住区适老化改造会引发用地用途的改变,多栋楼之间的日照间距不能够严格根据方案执行。

(2)新建住区的适老化规划设计。

普通的住区适老化设计存在一定的欠缺,因此当下主要是选择适老化设计为老年人提供居住所需,适老化设计不仅能够满足老年人住区设计的需求,同时还符合所有住区设计的要求。在条件允许的情况下,应尽可能地满足多个年龄段居民的居住需求,为彼此之间预留一定的空间,同时在一定程度上为未来的改造减少一定的阻碍。通过相关的实际调查走访发现,我国现阶段居住空间养老设计定位较高,覆盖面较窄,因此还需要根据我国老年人社会发展的需要尽可能完善和健全现有的住区适老化建设,实现真正意义上的居家养老,给老年人提供舒适和谐的养老环境与氛围。

(3)软性配套服务有待进一步加强。

寒地城市老年人对于居家养老的要求在原有基础之上有了一定的提升,因此养老模式需要朝着模式多样化、功能全面化、服务优质化的方向发展,只有这样才能够从根本上解决老年人的养老服务问题。居家养老需要从助餐、生活照料、文化娱乐活动等方面入手,保证多种功能一应俱全,同时还要对以上的服务路径进行具体分析,保证其路径覆盖面在500 m到1 km之间,从根本上提高老年人的服务设施完善度。郊区由于地理位置方面不占优势,在这一方面还需要进一步优化和完善,更好地为老年人提供优质的服务。总而言之,居家养老是我国老年人普遍而又传统的养老方式,但现阶段这种养老模式需要定期或不定期地开展相关的宣传教育工作,建立互助服务制度以及设立相关的志愿者服务站和义工,等等。

2. 应对重大公共卫生事件对于住区微更新的需求

为应对未来可能发生的重大公共卫生事件,住区微更新显得尤为重要,尤其是对于老旧小区及封闭隔离的养老设施而言,这一需求更为迫切。

一方面,老年群体作为社会的弱势群体,其身体机能随年龄增长而逐渐退化,对居住环境的依赖性和敏感性也相对较高。在重大公共卫生事件期间,老年人更易受到环境变化的影响,对住区的配套服务和空间环境具有更高要求。因此,住区微更新应着重考虑老年人的特殊需求,优化居住环境,提升生活品质。

另一方面,住区微更新应关注空间环境的改善,包括优化住区的绿化景观、增设休闲活动场地、改善通行条件等。良好的空间环境不仅能够提升老年人的居住舒适度,还能促进他们的身心健康。在特殊时期,这些空间可以成为老年人进行户外活动、社交互动的场所,有助于缓解他们的孤独感和焦虑情绪。

为应对重大公共卫生事件,住区微更新需要从配套服务设施、空间环境改善和公共设施建设等多方面入手,全面提升住区的品质和功能。通过优化居住环境,满足老年人的特殊需求,增强社区的互助和关爱氛围,我们可以更好地应对未来可能出现的挑战,为老年人创造一个更加安全、舒适、宜居的居住环境。

综上,作为居民生活的主要场所,对城市住区的改建应考虑重大公共卫生事件下的居民生活环境需求转变,住区的适老化更新应在深入了解老年人群体的需求下,提出相对应的建议来满足老年人的需求,有利于老年人群体快速适应环境,建设健康家园,提高人民幸福感。

1.2 相关概念界定

1.2.1 住区微更新

城市的发展要从增量扩张到存量修补的发展转变,而"住区微更新"就是存量修补的重要内容。随着人们对身边生活条件、环境需求的不断提高,"住区微更新"就显得尤为重要。住区微更新的含义包括住区物质环境与设施、住区成员、住区组织管理机制、住区共同意识培育的综合发展,强调规划中的多方主体互动过程。

"住区微更新"是指按照循序渐进的城市更新理念,着眼住区基本单元,以群众需求和参与为导向,对住区(村)内品质不高、长期闲置、利用不足、功能不优的微型公共空间和老旧建筑进行改造提升,推动城市存量空间的活化与利用,唤醒住区文化记忆。"住区微更新"的主要内容包括:

①住区小微公共空间的品质提升。主要针对住区公共区域品质不高、利用率偏低的街头转角、口袋公园、广场绿地、运动场所、边角灰空间、街道慢行空间、滨水空间、建筑退让空间等小微公共场地及其设施,不断提高住区公共空间环境的整体品质。

②住区老旧建构筑物的活化利用。主要针对住区内长期闲置、缺乏监管、未充分利用的老旧建构筑物以及缺乏修缮、业态低端的历史建筑、工业遗产等进行空间美化、功能再造、业态更新,传承城市记忆。经过精细、精致的改造提升,创造有地域特色和归属感的住区空间新形态。

1.2.2 住区建成环境适老化更新

随着我国老龄化现象的日益严重以及养老模式向住区居家养老回归,选择居家养老老年人群体增大。随之而来的问题是,现有的一部分住区无法满足老年人群的居家养老需求,而新建速度也无法跟上日益增加的老年人居家养老需求。

以美国为例,其养老地产具体分为活跃老人住区、老年公寓、独立生活住区、协助生活住区、专业医疗护理养老院、持续护理退休住区六种类型。其中协助生活住区是典型的住区居家养老模式,即建设在原有住区内或其附近,为就近居住的老年人提供多样化的服务。

日本倡导多世代混合居住模式,即人们可以根据各自的愿望选择多代合居、邻居或近居的形式,实现让所有的老年人及其家人在熟悉的住区生活。同时,日本还对既有住区的改造采取团地再生模式,即针对保障性住房出现的房屋建筑老化、设施陈旧等问题,通过医疗与教育设施配建、公共空间再开发、人口结构更新等措施,实现住区的适老化更新改造。各国均致力于探索居家养老模式下新建住区建设和既有住区改造。

对居住区空间环境的更新与改造是一个相对完整而系统的体系。无论是通过增加配置的公共设施、调整住区内住宅户型的结构、改善住区交通条件、整治公共活动场所等对住区进行的新改造，还是对住宅单体从内部室内空间到外部建筑立面的新改造，方方面面的更新改造都各有侧重点而且缺一不可。其中对住宅单体的改造更新同样也对住区外部空间环境的改造起到了积极的作用，是住区空间环境设计中不能忽视的重要内容。

1.3 建成住区环境对老年人的影响

1.3.1 对老年人心理及情绪的影响

在城市规划与公共卫生领域，建成环境与老年人心理健康之间的联系日益受到重视。随着全球老龄化趋势的加剧，如何提升老年人生活质量和维护其心理健康成为一个亟待解决的问题。

建成环境，包括住宅、公共空间及交通设施等，对老年人的情绪与心理健康具有直接或间接的深远影响。首先，住宅环境对老年人的心理健康至关重要。一个安全、舒适、便利的住宅环境可以让老年人感到安心和满足，从而有助于维护其心理健康。相反，如果住宅环境存在安全隐患、设施不便利或缺乏社交空间，就可能导致老年人感到孤独、焦虑或抑郁。

其次，公共空间也是影响老年人心理健康的重要因素。公共空间不仅为老年人提供了社交和活动的场所，还是他们获取信息、参与社会生活的重要渠道。一个设计合理、设施完善、环境优美的公共空间可以吸引更多的老年人参与其中，从而促进他们的身心健康。例如，老年人可以利用公园、广场、社区活动中心等公共空间，进行散步、锻炼、娱乐、交流等多种活动，有助于缓解他们的心理压力和孤独感。

最后，交通设施对老年人的心理健康也有重要影响。随着年龄的增长，老年人的身体机能逐渐下降，出行可能变得更加困难。因此，一个便捷、安全的交通环境对于老年人来说至关重要。如果交通设施不完善或存在安全隐患，就可能导致老年人出行不便，从而限制他们的社交和活动范围，进而影响他们的心理健康。

建成环境对老年人心理健康的影响是多方面的、深远的。在城市规划和公共卫生领域，我们应该更加关注老年人的需求，为他们创造一个安全、舒适、便利的建成环境，从而提升他们的生活质量和维护他们的心理健康。这包括优化住宅设计、完善公共空间设施、改善交通环境等多个方面。只有这样，我们才能让老年人在城市中生活得更加幸福、健康。

1. 邻里环境

邻里环境对老年人心理的作用确实是一个重要的研究议题，如何为老年人创造适宜的居住环境，以提高其生活质量和心理健康程度，已成为社会关注的焦点。

学者们从多维度出发，深入探讨了居住环境对老年人心理的影响。其中，居住环境的色彩搭配、地理位置选择等方面都被广泛研究。李天娇的研究通过衡量城镇老年人的居家基本设施，揭示了城镇老年人居住软硬件环境与心理健康之间的正向显著关系，并指出了这种影响在性别、年龄及居住方式上的异质性。这为我们理解不同居住环境下老年人心理健康的差异提供了重要依据。

同时，居住方式也对老年人心理健康产生重要影响。与子女同住的老年人心理健康状况较好，而独居则显著影响心理健康。这一发现强调了家庭支持在老年人心理健康中的重要性。此外，丰富的社区环境设施与服务、实施老年优待政策等也能改善不与子女同住的老年人心理健康状况。这为我们提供了通过改善居住环境和居住方式来提升老年人心理健康的有效途径。

在寒地城市等特殊环境下，老年人的居住环境对其行为活动的影响也备受关注。李雷立与张宇奇的研究运用环境心理学理论，分析了寒地城市老年人居住环境对其行为活动的影响，并强调了解决老龄化问题时需考虑居住环境因素的重要性。这为我们理解特殊环境下老年人居住环境的设计提供了有益指导。

此外，色彩心理效应在居住环境设计中的地位也不容忽视。尹宝莹、童烁榕等的研究从色彩学和老年心理学的角度，探讨了居住环境色彩与老年人生理、心理特征的适应性。这为我们提供了通过色彩设计来改善老年人居住环境、提升其心理健康的新思路。

岳亚飞、杨东峰等人的研究从城市角度出发，探讨了如何构建具有良性激励作用的建成环境以提升老年人心理健康。他们基于能力理论和社会生态模型等，构建了包含可行能力、自我效能、环境感知的中介变量体系，深入探究了建成环境对老年人心理健康的影响机制。这为我们提供了通过城市规划和设计来改善老年人心理健康的理论支撑和实践指导。

邻里环境对老年人心理的作用是一个复杂而多维的议题，通过深入研究和探讨不同居住环境与居住方式对老年人心理健康的影响及其机制，我们可以为老年人创造更加适宜、健康、幸福的居住环境，从而提升其生活质量和心理健康水平。

2. 住区公共空间

随着全球人口老龄化趋势的加剧，适合老年人的外部公共空间的设计问题日益成为社会关注的焦点。老年人的生活质量、心理状态及社交活动均与其生活环境紧密相连，因此，为老年人打造适宜、舒适且安全的公共空间，已成为城市规划和建筑设计领域的重要议题。

近年来,众多研究深入探讨了老年人住区公共空间的设计与规划。这些研究不仅着眼于空间形态与功能布局,还从老年人的心理与行为特性出发,力求更精准地满足他们的实际需求。例如,有研究重点分析了老年人对户外公共空间的感知与评价,旨在识别影响他们满意度的关键因素;而其他研究则从交往空间的角度,探讨如何通过优化空间设计来促进老年人间的交流与互动。

环境心理健康是当前研究的另一热点。大量证据表明,优质的公共空间环境对老年人的心理健康具有积极影响。因此,如何借助公共空间设计促进老年人的心理健康,以及如何评估这种设计的效果,已成为学术界关注的焦点。

户外公共空间设计是一个关键研究领域,它聚焦于如何通过优化户外空间设计来满足老年人的心理需求并符合其行为特性。随着人口老龄化的加剧,为老年人提供适宜的户外交往空间,以满足其社交、休闲等需求,已成为城市规划和建筑设计的紧迫任务。马雪岩的研究,从寒冷地区城市公园环境出发,深入探讨了老年人的心理健康问题。研究发现,城市公园设施对老年人的心理健康具有直接的正向影响,同时还通过老年人的社会交往间接影响其心理健康。具体影响老年人心理健康的环境因素包括活动场地、休息设施和便民建筑,而寒冷地区城市公园的自然性因素对老年人的社会交往和心理健康无显著影响。

孟凡荣在其研究中,运用二元 Logistic 回归模型,逐步回归分析了建成环境对农村老年人心理健康的影响。研究结果显示,在控制人口统计变量后,感知出行道路良好和居住地附近安全对老年人心理健康产生正向积极影响;农村老年人偏好的出行方式对心理健康产生显著正影响;农村客观建成环境可达性中,多个地点的可达性对农村老年人心理健康有不同程度的影响,其中集市、卫生站、主干道、超市、村委会、公交车站的可达性显著正向影响心理健康,而镇中心和客车站的可达性则产生显著负向影响。

郑亦乔和唐文在相关研究中,深入分析了老年人的心理需求和行为特性,以及促进老年人交往的居住空间特征。他们提出了若干设想和建议,并探讨了老年人所需户外交往空间的设计方法,为后续研究提供了基础理论和方法支持。

王若笛则从社会生活的视角出发,探究了一种自下而上、直接针对当代老年人社会生活基础需求的住区户外公共空间研究方法。文章概述了当代社会生活的变迁和老年人户外活动特征,并结合调研分析得出了当代老年人社会生活对住区户外公共空间的需求。

卢杉和汪丽君在研究中,将空间形态特征与空间活力值进行关联性分析,筛选出 4 个具有研究意义的空间形态特征指标。他们引入心理物理学理论,将老年使用者的空间心理感知评价值与空间形态特征值进行曲线拟合,发现天空开阔度、空间通视度与老年人的空间形态特征感知评价值之间存在对数函数关系。这一发现为城市住区户外公共空间的适老化优化提供了基础数据支持和更为科学严谨的研究方法。

在日常研究中,住区室外物理环境与老年人心理健康之间的关系往往被忽视。然而,室外物理环境通过感官刺激会对老年人的心理和情绪健康产生深远影响,对其生活至关重要。孙维在研究中,以老年友好为核心理念,针对沈阳市金地社区,深入分析了社区尺度下的室外物理环境,并提出了相应的优化策略。其中,交通空间与风声环境紧密相连,广场空间与风光环境息息相关,而绿地空间则与光声环境密切相关。

宋德萱、卜梅梅和周伊利在另一项研究中,以上海市老旧住区为例,探讨了室外物理环境对居民舒适度及心理健康的深刻影响。他们运用层次分析方法,筛选了室外物理环境的评价指标,并确定了各指标的权重,从而初步构建了老旧住区室外物理环境的综合评价体系。研究结果显示,与热环境和声环境相关的两项指标在评价总分中的贡献率低于其权重,鉴于这两者的高权重,老旧住区的热环境和声环境应成为室外物理环境修复的重点。

老年人住区公共空间的研究是城市规划与社会学领域的重要课题,旨在为老年人创造一个安全、舒适且有利于交往的环境。随着人口老龄化的加剧,这一领域的研究日益受到重视。

近期的研究表明,众多学者对老年人住区的户外公共空间进行了深入探索。他们不仅关注空间的形态特征,如尺度、布局和功能,还重视老年人对这些空间的感知与评价。例如,有研究基于老年人的感知,对城市住区户外公共空间的形态特征进行了量化分析,这有助于更深入地理解老年人的需求和偏好。此外,还有研究从社会生活的视角出发,探讨了当代老年人住区户外公共空间的特点及其价值。

3. 住区绿化和基础设施

绿地空间与心理健康之间的关联是近年来研究的热点,尤其聚焦于如何通过优化绿地空间设计以增进居民的心理健康水平。对于老年人群体而言,由于其生活节奏相对平缓,他们对环境因素的感知更为细腻,因此绿地空间对他们的心理健康具有尤为显著的影响。

袁青、赵家璇和冷红在其研究中,以哈尔滨市6个样本住区的226位老年居民为对象,深入探讨了严寒气候下住区绿地活动行为与老年人心理健康之间的关系。研究结果显示,住区绿地中的活动行为对老年人的心理健康状况具有正向调节作用,且这种行为受多种因素驱动,其中绿地环境特征对活动的频率、时长和类型均产生较大影响。

王佳瑞和郭晓君则基于"健康促进、环境心理健康"理论,以张家口市的小区公共空间为研究对象,从微观尺度出发,探究了对健康产生影响的空间要素及其参与路径。他们提出了"空间形态触发感知、感知诱导行为、行为加强感知"的作用机制，并从微观环境促进健康的6个心理维度入手，分析了产生相应健康效应的空间形态的量化指标及营造要点。

卢杉、舒平和汪丽君的研究则聚焦于具有恢复性的城市绿地空间对老年人心理健康的影响。他们运用主成分分析法提取了老年人主观感知的空间恢复性特征，并使用结构方程模型解析了不同维度主观感知的空间恢复性特征对老年人心理健康的促进路径及其效应。

大量研究表明，绿地空间与居民的身心健康直接相关。在身体健康方面，位于色谱中间的绿色比其他颜色更有利于人体健康，特别是对大脑和神经系统具有益处。此外，实证研究表明，自然环境可以有效缓解52%的头痛症状。在心理健康方面，仅仅肉眼观看绿色植物就有助于缓解紧张和焦虑情绪，而吸入植物精油则可以诱导心理状态发生变化，从而影响人的心理稳定性。鉴于自然环境相较于城市环境的简洁性，绿色植物有助于降低个人的压力水平并恢复注意力。绿地与心理健康的直接和间接关系如图1.1所示。

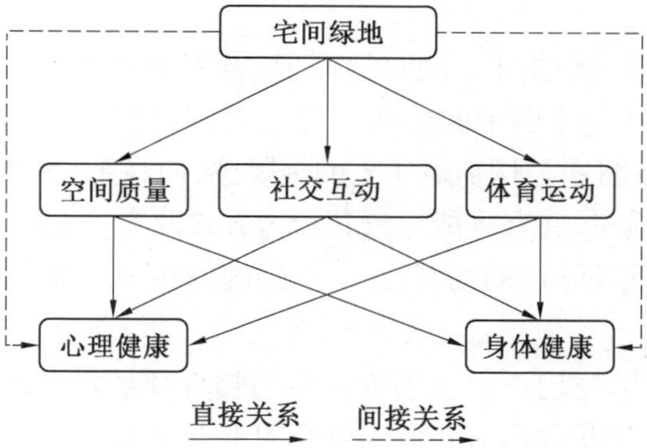

图1.1 绿地与心理健康的直接和间接关系

4. 建筑室内空间环境

室内物理环境，涵盖声、光、热、风等多个方面，对老年人的心理健康产生着直接或间接的深远影响。2017年，Minjung Kim等人通过脑电测量技术，探究了不同热环境对人情绪的影响。他们设置了3种热环境条件：PMV（预测平均热感觉）=-2的较冷环境、PMV=0的中性环境以及PMV=2的较热环境。研究结果显示，热环境会通过主观热感觉来影响人们的情绪反应，尤其是较热环境，对人们的情绪产生了显著的负面影响。

高学智在其研究中，通过建立老年感知室内物理环境与身心健康效应的表征模型，深入分析了不同室内物理环境因素对老年人生理健康及心理健康的影响权重系数。研究发现，个人情况对心理健康（0.765）和生理健康（0.448）的影响较大，而感知室内物理环境对生理健康（0.301）和心理健康（0.341）的影响也颇为显著。在感知室内物理环境中，空气品质对整体感知物理环境的影响最大(0.91)，其次为热环境(0.86)、湿环境(0.81)、光环境(0.68)、整洁环境(0.65)和声环境(0.23)。

袁景玉和黄莹等人在研究中指出，光环境对人的心理及情绪有着显著的影响。光源的照度、光色和色彩能够直接作用于人的心理。例如，在恒定色温条件下，照度与受试者的正面情绪呈现出正相关性。运用光照刺激来缓解老年人的负面情绪甚至抑郁症，被证明是一种有效且安全的手段。特别是在冬季北方高纬度地区，充足的日照对于预防老年人季节性情感障碍(SAD)具有重要意义。

王祖君和宾一帆在研究中强调，老年人的房间朝向以朝南为最佳，因为温暖和煦的阳光能够舒缓老年人的心情。对于行动不便、较少出门甚至长期卧床的老年人来说，充足的阳光照进室内尤为重要。同时，自然光与暖光相结合的照明方式，能够打造出柔和淡雅的光环境，给老年人带来踏实稳定的感觉。相反，冷色光的环境容易使老年人产生孤寂失落的心情，而对比强烈的色彩搭配则容易造成老年人的不安感和焦虑感。

杨昊和徐铭在研究中指出，不良的声环境会对老年人的心理健康产生负面影响。长期生活在不良声环境中的老年人极易出现烦躁、疲劳和严重焦虑等现象。声级达到60～65 dB 将明显增加老年人的烦躁感，而高于65 dB 的环境声则会严重影响老年人的生活质量，并有可能导致其行为方式改变。此外，老年人比其他年龄段的群体更易受到低频噪声的伤害，在一定强度的噪声环境中，老年人更容易产生心理上的焦躁情绪。

国内外研究表明，室内声、光、热等方面的物理环境均对老年人的心理健康及情绪产生重要影响，这是我们需要深入研究的重点领域。

老年人居住环境研究确实是近年来社会科学和建筑学领域的热点议题，其核心目标在于为老年人营造一个安全、舒适且有益于身心健康的居住环境。从最新的研究成果中我们可以清晰地看到，居住环境对老年人心理和睡眠健康的深远影响。

首先，不同的居住环境确实会导致老年人心理和睡眠的差异。例如，在寒地城市，气候寒冷、日照时间短等因素可能会对老年人的心理健康产生一定的负面影响。相反，色彩在居住环境中的巧妙应用，如采用温馨、柔和的色调，可以为老年人带来积极的心理效应，有助于提升他们的心情和生活质量。此外，住区环境的调节作用也不容忽视。一个设施完善、绿化良好、邻里和谐的住区环境，对老年人的心理健康具有显著的正面影响。这进一步强调了社区建设在老年友好社区建设中的重要性，即要打造一个能够满足老年人多方面需求、促进他们身心健康发展的居住环境。

其次，适老化的居住环境对老年人的心理健康有着显著的正面影响。这意味着在设计居住环境时，必须充分考虑到老年人的特殊需求和限制。例如，无障碍通道的设计可以确保老年人能够方便地进出住所和公共区域；易于操作的家具和电器可以减轻他们的身体负担，提高生活自理能力。这些适老化设计不仅有助于提升老年人的生活质量，还能增强他们的自信心和独立感，从而对心理健康产生积极影响。

最后，城乡差异也是老年人居住环境研究中的一个重要方向。由于城市和农村在经济发展、文化传统、生活方式等方面存在显著差异，因此老年人在不同的居住环境中面临的问题和需求也各不相同。例如，城市老年人可能更注重居住环境的便利性、安全性和社交性，而农村老年人则可能更关注居住环境的自然性、宁静性和亲情氛围。因此，在研究老年人居住环境时，需要充分考虑城乡差异，因地制宜地提出具有针对性的设计策略和建议。

老年人居住环境研究是一个复杂而多维的议题，需要综合考虑多种因素和影响。通过深入研究不同居住环境对老年人心理和睡眠健康的影响，以及适老化设计和城乡差异的重要性，我们可以为老年人创造更加安全、舒适和有益于身心健康的居住环境。

1.3.2 对老年人行为和生活方式的影响

1. 住区公共空间

道路及步行空间作为中老年人直接接触的室外环境，对其行动的便捷性和可达性具有决定性影响。李翼飞、高川琪和张大玉的研究指出，老年人的步行行为特征与其他年龄段人群存在显著差异，主要受年龄等客观因素的影响。老年人身体机能的退化导致他们适应环境的能力较差，易发生摔伤等危险情况。因此，步行空间的设计必须充分考虑老年人的这些特征，如提供足够的通行宽度、设置休憩驻足的空间、确保人行道的连续性和质量等。

坐息空间与老年人的行为特征紧密相连。老年人体弱多病，在户外活动时需要临时休憩的地方。周之灿的研究根据老年人行为及生活方式的特征，指出了老年人户外休憩活动具有时域性、地域性和年龄分段性特征。这些特征要求我们在设计坐息空间时，必须考虑老年人的活动规律、地域偏好和年龄差异，为他们提供舒适、便捷的休憩环境。

室外物理环境的好坏直接关系到老年人室外活动是否舒适。付雅雯和李伟的研究指出，天津老旧住区内部夜间照明开启时间与居民年龄关系较大，老年人出行时间多集中在18:00之前以及晚饭后（天黑后）。因此，在设计室外照明时，必须考虑老年人的出行时间和照明需求，确保他们在夜间能够安全、舒适地活动。同时，过强的光照还会对室内夜间产生光污染等影响，这也需要在设计中予以注意。

空气污染与老年人的睡眠时间也存在关联。李昕雨的研究发现,空气污染浓度与睡眠时间呈负相关。对于特定人群,如 60 ~ 69 岁年龄段的老年人、无法保证睡眠时间的老年人、男性居民以及居住在污染浓度高的地区的人群,面对空气污染时更易发生健康冲击。这要求我们在规划和设计室外环境时,必须考虑空气污染对老年人健康的影响,采取措施减少空气污染源,改善空气质量。

道路及步行空间、坐息空间以及室外物理环境的设计都必须充分考虑老年人的特征和需求。通过优化步行空间、提供舒适的坐息环境以及改善室外物理环境,我们可以为老年人创造一个安全、舒适、便捷的室外活动环境,提高他们的生活质量。

2. 住区绿化和基础设施

绿地空间作为住区室外公共空间的关键组成部分,对老年人的活动行为具有显著影响,尤其是其分布与空间特征。邱璇在其研究中,以哈尔滨市中心城区老龄化社区的绿地为例,通过选取 188 个研究单元,深入探讨了绿地空间特征如何影响老年人休闲体力活动的密度。该研究构建了一个实证模型,该模型基于“空间特征识别—单维度特征影响分析—多维度特征影响排序”的逻辑框架。研究结果显示,绿地空间布局的易识别性、穿行频率、紧密程度及便捷程度均与老年人休闲体力活动密度紧密相关,且局部便捷程度的影响最为显著,其次是整体穿行频率等。

罗杨在其研究中,聚焦于街旁绿地植物景观对老年人行为的影响。他指出,植物景观不仅能有效消除疲劳、恢复精力,还能吸引人们参与户外活动,从而促进人与自然的交流。良好的植物景观环境不仅能促进心理健康,提高心情愉悦度和注意力,还能减少精神压力和焦虑感。此外,绿地空间还可用作体育活动场所,如步行、慢跑等,这些活动有助于提升老年人的身体健康程度。与其他环境相比,在绿地进行体育锻炼能带来更多的健康益处,而绿地不足则与久坐不动的生活方式正相关,后者会增加患心血管疾病的风险。

绿地空间还扮演着社交互动场所的角色,它可能作为中介变量,将绿色环境与居民健康联系起来。通过提供聚会场所,绿地促进了社会凝聚力,帮助居民获得社会支持,减轻孤独感和压力。对于老年人而言,由于流动性较差、活动空间有限,绿地空间显得尤为重要。此外,和谐的社会关系,尤其是良好的邻里关系,对老年人的身体健康具有积极影响。研究还发现,接触绿色植物可以促进邻里间的社交互动,从而提升居民的幸福感。

公共服务设施作为老年人容易接触到的便民资源,对提升他们的居住幸福感和满足感具有重要作用。李经纬等人在研究中指出,社区附近拥有多种公共服务设施能促进老年人的社会交往活动。这些设施的重要性依次为老年活动中心、露天健身器材场地和图书馆。老年活动中心提供丰富的休闲活动和社交资源;露天健身器材场地为老年人提供了良好的社交环境;而图书馆等文化设施不仅为老年人提供了学习机会,还为他们提供了丰富的社交活动空间。这些研究表明,老年人对公共服务设施的需求趋于多元化,这对现代住区公共空间的规划具有重要的指导意义。

3. 建筑室内空间环境

室内环境对老年人的行为模式及生活方式具有深远的影响,涵盖了家务、锻炼、休憩及社交等多个方面,这些活动构成了他们退休生活的主要内容。老年人的行为动机多样,有的旨在锻炼身体,有的则追求生活的丰富与娱乐,亦不乏随机或无目的的活动。这一系列行为反映出,当代老年人已不再仅仅满足于物质生活的富足,而是更加追求高层次的精神生活。

张旭在其研究中强调,居住环境是人类生存与发展的基石,对老年人而言,其依赖性尤为显著。老年人的身心状况、家庭结构、养老模式及所在城市的发展水平,均与他们的居住环境紧密相连,并产生深远的影响。该研究进一步指出,老年人的行为模式主要涵盖就医、休闲、起居及购物四大类。

李菲在《环境行为学与老年人住宅设计》一文中,从生理学角度分析了老年人身体机能的退化与功能的降低,这些变化导致老年人身体相对虚弱、行动迟缓、体力下降。因此,老年人的住宅设计应注重便捷与经济,室内空间应紧凑,以便于老年人的生活自理与日常活动,同时确保防火设计的安全性。

季婵媛在《基于老年人行为特征的住宅设计研究》一文中,详细阐述了老年人行为特征的具体表现:随着年龄增长,身体生理机能逐渐衰退,体力减弱,视力、听力下降,记忆力减退,身体平衡能力降低,对外界应激反应速度变慢。这些生理特点决定了老年人的住宅设计应以方便、实用为出发点。

室内物理环境,特别是其质量,对老年人的行为模式与生活方式产生着多元且深刻的影响。一个优良的物理环境是老年人舒适生活起居的重要保障。刘浏和张宏然在《北京地区养老设施室内风环境现状研究》一文中,详细描绘了北京地区养老设施在通风习惯上的特点:冬季时,考虑到老年人身体的敏感性及他们长时间居于室内的现状,居室通常仅在老人晨起后开窗通风 30 ~ 45 min,且居室门多保持关闭状态以保温;春秋两季,则根据老年人的需求和身体状况灵活调整通风时间;夏季天气闷热,尽管居室配备了空调,但老年人往往不愿过度依赖,因此从晨起至日落,居室门窗多处于开启状态,同时利用布质门帘确保私密性。

另一方面,王田在研究中,指出了当前老年人居住空间在光环境方面存在的问题及其对老年人行为的影响:首先,老年人住宅的卫生间人工照明环境有待改善,这对于老年人通过观察面部气色和排泄物状态来判断自身健康状况构成了障碍。其次，卫生间光源的可调节性不足，无法同时满足老年人白天和夜间对光环境的不同需求，特别是夜间过亮的光源可能对老年人的视觉造成不适，进而影响其睡眠质量。最后，老年人住宅厨房空间的光源显色性不佳，这不仅影响了食物颜色的真实呈现，还可能因无法准确辨别肤色而增加老年人在厨房操作中的安全风险。这些问题均凸显了优化老年人居住空间物理环境的重要性。

1.3.3 对老年人身体健康的影响

随着中国逐渐步入老龄化社会，老年人的健康与生活质量已成为社会普遍关注的焦点。研究者们对此进行了深入探讨，特别关注居住环境与老年人健康之间的紧密联系。这些环境因素不仅局限于室内居住环境，如温度、光照、色彩设计及噪声污染等，还广泛涉及住区户外环境质量，包括生产生活所产生的光污染、噪声污染等。

室内居住环境中，适宜的温度和光照条件对老年人的舒适度和健康状况至关重要。色彩设计则能影响老年人的情绪，创造温馨、宁静的居住环境有助于他们的身心健康。同时，噪声污染需得到有效控制，以减轻对老年人听力和神经系统的潜在伤害。

住区户外环境质量同样不容忽视。光污染和噪声污染不仅干扰老年人的正常作息，还可能对他们的生理和心理健康产生负面影响。因此，应采取措施减少这些污染源的排放，为老年人创造一个宁静、舒适的居住环境。

此外，住区的微气候、绿地空间及基础设施建设也是影响老年人健康的重要因素。良好的微气候有助于调节室内温度和湿度，提高居住舒适度。充足的绿地空间不仅能为老年人提供休闲锻炼的场所，还有助于改善空气质量，减少空气污染对健康的危害。完善的基础设施建设则能确保老年人生活的便利性和安全性，如无障碍设施、紧急救援系统等。

居住环境的多个方面都会对老年人的身体健康产生直接或间接的影响。因此，在规划和设计居住环境时，应充分考虑老年人的需求和特点，为他们创造一个健康、舒适、安全的居住环境。

1. 住区公共空间

通过系统回顾相关文献，本书探讨了社区户外环境与老年人健康之间的内在联系，其中户外环境涵盖热浪、噪声污染、空气质量及微气候等多个方面，这些因素均被证实对老年人的身心健康产生重要影响。

曾令捷等人的研究通过构建结构方程模型，揭示了户外物质环境的舒适性对老年人身体健康的显著直接影响。

陈平等人的研究则指出，热浪加剧了老年人热相关疾病的发生率和死亡率，对患有慢性病、社会经济地位较低及生活自理能力较弱的老年人影响尤为显著。

邹纯玉等人针对哈尔滨市这一典型寒地城市的研究，通过实地调研和数据分析发现，老年人对冬季住区环境的主观感知显著影响其身心健康。具体而言，环境的美观性、安全性和功能性对身体健康有积极影响，而功能性、可达性和安全性则对心理健康产生正面效应。

Zhou Yishu 等人的研究探讨了中国空气污染与老年人心理健康及抑郁症之间的关系，结果显示空气污染与抑郁症之间存在显著正相关，且老年人对不同污染物（如 PM2.5、PM10 和 SO_2）的敏感度因地区密度差异而异。

Mu Jingyi 等人的研究则聚焦于不同声压级声音刺激对老年人身体反应和感知的影响，发现不同类型的声音会导致心率、收缩压和舒张压的不一致波动，老年人对运动和交通噪声的偏好评分较低，而对音乐的舒适度评价较高，同时验证了低于 55 ~ 65 dB(A)的声压级与舒适度增加及心率、血压轻微增加的相关性。

最后，Wang Lixin 等人综合分析了户外蓝色空间与老年人健康之间的关系，发现两者之间存在正相关。近年来多项研究表明，社区户外的气候状况、空气质量等因素均对老年人的健康产生一定影响，这为我们进一步优化社区户外环境、促进老年人健康提供了重要依据。

2. 住区绿化和基础设施

住区绿地空间对老年人健康的影响是多维度的，主要体现在其能够优化活动空间环境、提升空气质量等方面，进而对老年人的身体健康产生积极影响。

Cornu T. 等人构建了一个因果循环图，深入剖析了城市绿地与老年人高温死亡率之间的关系。研究结果显示，城市绿地通过调节老年人室内外的温度暴露，以及提高他们对高温的适应能力，有效降低了与高温相关的死亡率。

Xiao Ya 等人聚焦中国 10 个省份的老年高血压患者，利用卫星数据建立了时空模型，评估了多种环境因素对老年人健康的影响。他们发现，在原发性高血压人群中，PM2.5 及其成分与代谢综合征之间存在正相关关系，而绿地则能够显著削弱这种正相关关系，尤其在 60 岁以下男性参与者中表现更为明显。

Ali M. J. 等人的研究指出，绿地不仅为老年人提供了便捷的体育健身活动场所，还有效降低了心血管疾病、呼吸系统疾病、高血压等慢性疾病的健康风险。此外，绿地还促进了社会互动和增强了社区意识，对老年人的心理健康也产生了积极影响。

De keijzer C. 等人使用基于卫星的植被指数来评估居住环境周围的绿色程度，

并发现步行速度和握力与住宅周边的绿化程度密切相关。他们还指出，在社会经济地位较低的地区，植被指数的下降与身体功能下降之间的关联更强，这进一步强调了绿地空间对老年人健康的重要性。

Qiangyi 等人利用中国健康与退休纵向研究的数据，发现城市绿地面积的增加可以显著改善中老年人的健康状况。他们提出，减少炎热天气和优化空气质量是城市绿地影响中老年人健康的潜在机制。此外，他们还发现城市绿地对健康的影响因性别、年龄、教育程度、婚姻状况、居住地、地理位置和公园数量分布等因素而异。

宋菊芳等人以武汉市主城区 8 个老龄化社区为研究对象，探索了绿地特征要素与健康水平的正相关关系。他们的研究表明，绿地效益因人而异，但主要通过促进体力活动来直接提升老年人的健康水平。

社区绿地空间对老年人健康的影响是多方面的，包括改善活动空间环境、提升空气质量、促进体力活动和社会互动等。这些影响共同作用于老年人的身心健康，提高了他们的生活质量，如图 1.2 所示。

为了保障老年人的身心健康及提升他们的生活便利性，加强基础设施建设成为关键，旨在为他们营造优质的社区环境与居住体验。

Jingyuan 的研究从社区设施视角出发，揭示了物理活动与社会活动对老年人自我健康评价的显著正向影响。

杨峋的研究则进一步强调了社区设施的重要性，指出设施更完善的社区，老年人的抑郁倾向明显更低。同时，社区卫生服务水平和医疗设施的健全度也被证实对老年人的健康状况有着显著的影响。

莘军龙等人的研究发现，社区基础设施的配置率与中老年人的健康状况密切相关。配置率低的社区，中老年人的健康状况总体较差；而完善的基础设施，如垃圾规范化处理、露天体育设施和老年活动中心，则对中老年人的健康产生积极的正面影响。

吴晶等人的研究则揭示了医疗服务不可及性对老年人日常生活活动(ADL)的负面影响，从而证实了医疗可及性对老年群体健康的显著正向影响。

到了 2023 年和 2024 年，研究者们开始将关注点转向适老化设计及居住环境的优化。他们认为，基础设施的改善，有助于提升老年人的居家养老环境和社区的适老性环境建设。其中，家庭居住环境中跌倒问题的改善和厕浴设备的改造产生的影响最为显著，而门障碍问题的改善和扶手的加装也起到了重要的作用。

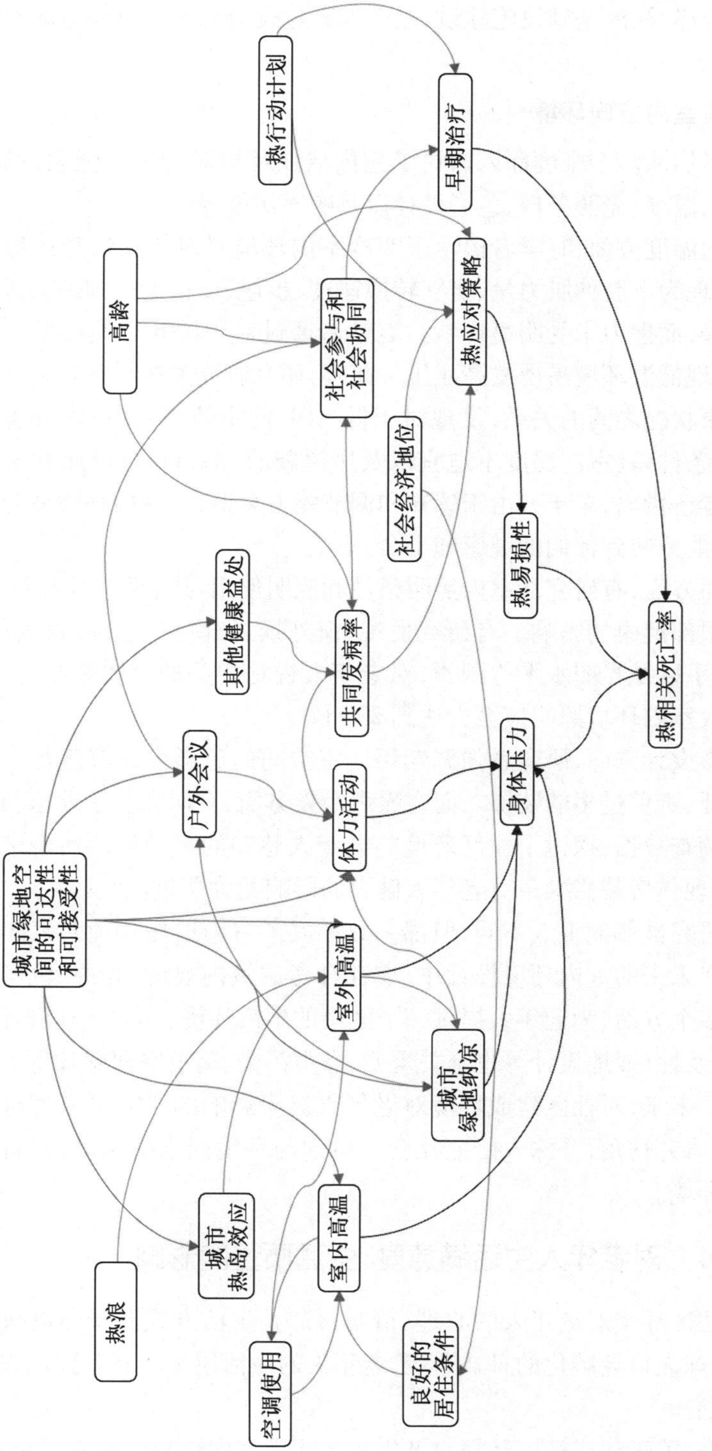

图1.2 关于城市绿地与高温相关死亡率之间的因果循环图

综上所述，社区基础设施建设、医疗设施建设与老年人身体健康有密不可分的关系。

3. 建筑室内空间环境

研究者们从多个维度深入探讨了室内居住环境对老年人健康的影响，这些维度包括室内温度、光照条件、色彩设计以及噪声污染等。

在室内温度方面，有学者揭示了寒冷室内环境对老年女性身体健康的负面影响，具体表现为下肢伸肌力量、坐立转换速度、步速、步行比率和最大股四头肌力量的显著下降，而握力未受明显影响。有学者通过对中国 6 个地区城乡老年人的住房调查，发现低温环境易诱发高血压。此外，还有研究关注了日本老年人室内环境与自评健康状况之间的关系，发现对于低 ADL 的个体，不良室内环境如缺乏安全设施、卫生条件差、室内温度不适宜以及房屋破旧，都与自评健康状况不佳显著相关。研究者还指出，老年人由于感知和调节能力衰退，对室内环境变化的敏感性更高，甚至可能威胁到他们的健康和生命。

在光照方面，有研究从室内照明条件和照明使用习惯两方面入手，探究了照明对老年人眼部健康的影响。有研究发现，窗外景观、窗户、走廊、家具位置、窗帘或百叶窗、扶手以及光照水平等因素，对老年人视觉相关的身体健康有显著影响，并提出老年人室内环境照明应至少达到 200 lx。

在色彩设计方面，研究者强调老年居室空间的色彩设计应满足老年人的生理和心理特征，避免过多的装饰。而在噪声污染方面，有研究基于北京市居住社区的健康问卷调查数据，探讨了住区环境与老年人感知的多种噪声污染来源之间的关系，结果发现住房装修噪声对老年人健康的影响尤为严重。

这些研究虽然侧重点不同，但都一致证实了室内居住环境对老年人健康的重要影响。在未来的室内环境设计中，应综合考虑室内温度、光照、色彩设计以及噪声污染等多个方面，为老年人提供一个健康的生活环境。同时，社区环境如卫生服务、医疗可及性、绿地设计等也至关重要，噪声污染、街道空间感知等人为因素同样不容忽视。未来，对社区建成环境对老年人健康影响的研究可采用跨学科合作的方式，拓宽研究视角，并深入研究社会人口学与环境因素的互动，以打造更宜居的老年生活环境。

1.3.4 对老年人生活满意度/生活质量的影响

建成住区环境对老年人的心理、情绪、行为、生活方式及身体健康产生深远影响，鉴于全球人口老龄化的日益严峻，老年人的生活质量和满意度已成为社会广泛关注的议题。

近年来，关于建成社区环境对老年人生活满意度影响的研究层出不穷，揭示了诸多影响老年人居住环境满意度的因素。这些因素包括但不限于室内环境质量、光照条件以及绿化设计等。室内环境的质量,如温度、湿度、空气流通等,对老年人的舒适度和健康状况有着直接的影响。充足且适宜的光照条件不仅有助于提升老年人的心情,还能促进他们的身体健康。而精心设计的绿化空间,则为老年人提供了亲近自然、休闲放松的场所,有助于缓解压力、提升生活品质。

因此,在规划和建设住区时,必须充分考虑老年人的特殊需求,通过优化室内环境、改善光照条件、加强绿化设计等措施,为老年人创造一个安全、舒适、宜居的生活环境。这样的环境不仅有助于提升老年人的生活满意度和整体生活质量,还能让他们更好地享受晚年生活,实现老有所养、老有所乐的社会目标。

1. 住区公共空间

社区户外环境,涵盖建筑、绿地、公共空间等诸多方面,与老年人的生活品质紧密相连。近年来,众多学者深入探讨了城市环境对老年人生活质量的影响及相应的改善措施。

Muhammad Abu Eusuf 的研究着重关注了城市空间中室外环境特征对老年人生活质量的影响。该研究提出了一系列关键参数,包括微气候变化、城市空间与交通规划、废物管理等,强调这些参数对于深入理解并提升老年人生活质量的适应性至关重要。

Katherine Ka Pik Chang 则采用多元线性回归方法,实施了中介分析,以探究环境条件对老年人生活质量(quality of life,QoL)的具体影响。研究结果显示,居住在绿地区域 500 m 以内的老年人,其身体健康状况和身体活动水平得到显著改善,但心理方面并未受到明显影响。同时,对公共空间的中等满意度也对老年人的生活质量产生了积极影响。

Bailly L. 的研究则聚焦于组织良好的城市步行路线对老年妇女身体健康和生活质量的综合影响。研究发现,改善的城市环境能够显著提高老年人的身体活动水平,进而提升他们的生活质量。

韩冰冰以寒地城市长春市为例,深入研究了社区绿色空间对老年人主观幸福感的影响。研究发现,绿色视觉暴露、公园距离以及环境维护等因素,均对老年人的主观幸福感产生了不同程度的影响。

社区户外环境对老年人的生活质量具有重要影响。为了提升老年人的生活品质,我们需要综合考虑建筑、绿地、公共空间等多个方面,打造宜居、舒适、安全的社区环境。修正后的寒地社区绿色空间对老年人主观幸福感影响模型标准化参数路径如图 1.3 所示。

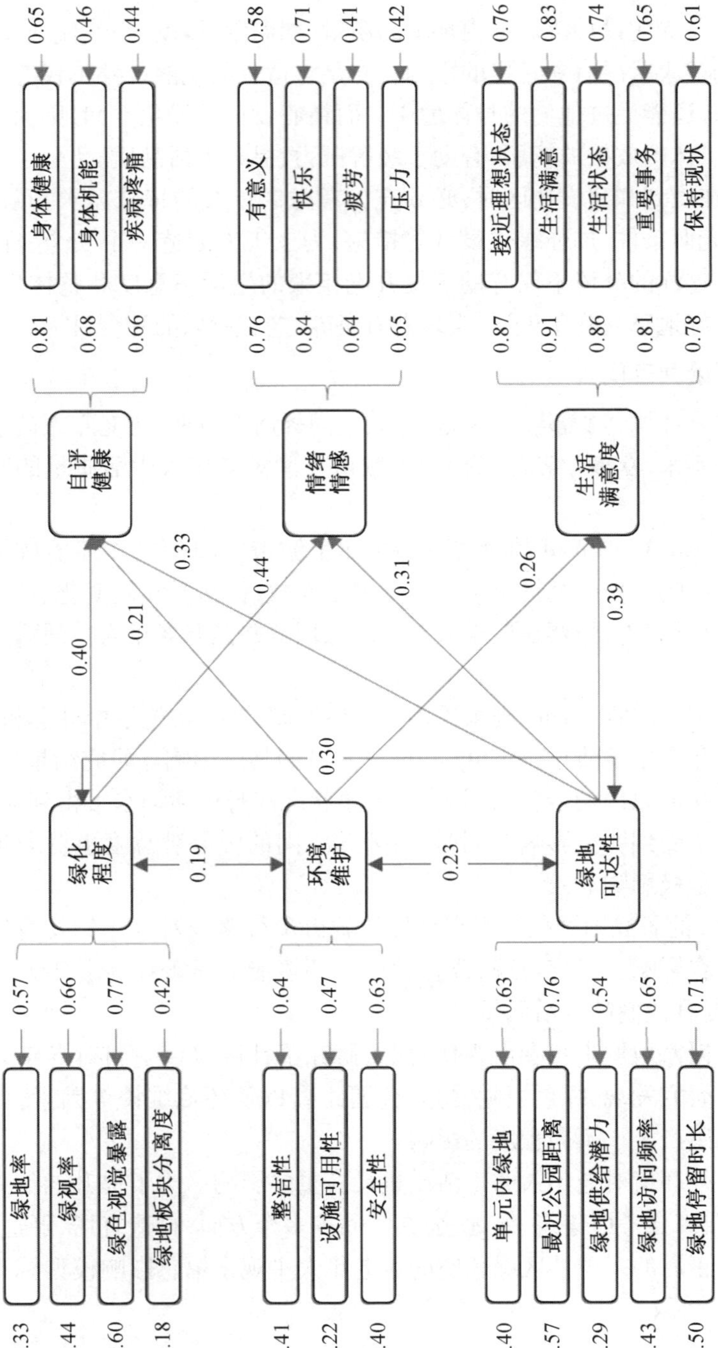

图1.3　修正后的寒地社区绿色空间对老年人主观幸福感影响模型标准化参数路径图

以上,验证了城市环境中的微气候变化、公共空间绿地率、人性化的户外空间设计等对老年人生活质量的影响,总之,社区户外环境能显著提高老年人生活满意度和生活质量。

2. 住区绿化和基础设施

建筑权属与社区公共设施等物质条件,作为老年人生活环境中不可或缺的要素,对于增强其归属感、提升生活质量及满意度具有深远影响。众多学者就此议题展开了深入探讨。

周俊山等人基于中国城乡老年人的广泛数据,揭示了拥有住房产权或居住在子女房中的老年人,其生活满意度相对较高;同时,住房面积的扩大也与生活质量的提升呈正相关。

Chen Guangxu 将目光投向了越南,探究了老年人住房满意度与生活满意度之间的内在联系。其研究指出,稳定的住房条件和更完备的设施是提升老年人住房及生活满意度的关键因素。

Joseph A. 等人深入分析了住区健康、护理与支持设施(RHCSF)的物理环境对老年居民生活质量的具体影响。研究结果表明,RHCSF 的物理环境对老年居民的满意度具有显著影响,强调社区应致力于设施设计的优化,以更好地满足老年人的生活需求。

此外,Feng Jianxi 等人在对南京市的研究中通过结构方程模型的分析方法,发现建筑建成年份对中国老年人的主观幸福感具有显著影响;同时,非正式空间和单围合设计,却与老年人的生活质量呈现出负相关关系。

这些研究共同强调了优化老年人居住环境的重要性,特别是在住房产权保障、住房面积与质量的提升、社区公共设施的完善以及文化适宜性设计等方面。通过综合考虑这些因素,我们可以为老年人创造一个更加宜居、舒适的生活环境,从而有效提升他们的生活质量和幸福感。

3. 建筑室内空间环境

室内环境对老年人的生活质量和满意度具有至关重要的影响,这涵盖了室内空气质量、热环境、声环境及安全性等多个方面。以下是对相关研究成果的总结与分析。

Yang 等人的研究对比了大连市和北京市在供暖期间城市与农村老年人住宅的室内环境。研究发现,城市住宅由于供暖装置的优势,温度更高且更稳定,但同时也存在甲醛和总挥发性有机化合物(total volatile organic compounds,TVOC)污染较高的问题;而农村住宅则因室内燃料燃烧导致 PM2.5、CO 等污染物含量较高。此外,研究还指出农村老年人的血压高于城市地区,且与室温和相对湿度存在相关性。

Agnieszka 等人的研究探讨了不同方面的室内环境满意度对居民总体满意度的影响。结果表明,空气质量的满意度对居民总体满意度的影响最大,湿度、灰尘和过低的温度等问题也会显著影响满意度。

Yu Chen 等人的研究旨在确定整体住宅室内环境与生活质量之间的关系。研究发现,住宅环境问题对老年人的身心健康有显著的综合影响,包括温度和湿度、热环境和空气质量、噪声、霉菌以及跌倒风险和潮湿问题等。

Meiyung 等人开发了一个集成的室内建筑环境-生活质量模型,用于评估老年人的生活质量。研究发现,通过家具和设施最能预测老年人的生活质量,强调了室内环境设计对老年人生活的重要性。

李晓童和郭娟等人的研究关注了老年人室内安全的问题。他们指出,我国老年人室内安全存在诸多影响因素,如缺乏系统化的规范标准、当前的装修装饰方式不利于老年人健康等,这些问题都极大地影响了老年人的生活质量。

无论是室内环境质量还是室内环境安全性,都强调了通过优化室内环境来提高老年人生活质量的重要性。建成住区环境通过多维度的方法深刻影响着老年人的心理、情绪、行为、生活方式以及身体健康,因此,在规划和建设住区时,应充分考虑老年人的特殊需求,为他们创造一个更加友好、舒适、健康的居住环境。这包括优化室内环境、改善社区户外环境以及提供适宜的建筑所属权和社区公共设施等物质条件。

第 2 章　基本问题解析与研究理论框架

2.1　寒地城市住区与养老模式解析

2.1.1　寒地城市住区的特征

相关数据显示,我国寒地老旧住区多兴建于 20 世纪 90 年代之前,当时难以涉及当前所倡导的户外环境适老化设计,再加之长期处于脱管状态,其室外环境质量较差。因此,导致当地老年人对于户外活动的需求无法得到满足,具体来讲,主要有两方面的影响因素,一是老旧的室外环境令老年人户外活动的意愿大幅度降低,甚至彻底丧失,长此以往,加剧了老年人的孤独感,身心健康受到影响;二是无障碍出行的缺失,令老年人出行受到极大的限制,尤其是随着老龄化问题的日益严重,老年人群体越来越大,使住区压力与日俱增,导致其有限的资源更加捉襟见肘。

现阶段,从我国老旧住区的实际发展状况来看,寒地地区的老旧住区存在基础公共服务设施不健全的问题,这种住区是老年人长期居住的场所,因此,需要根据时代的发展变化对原有的老旧住区的公共服务设施加以完善与改造。首先,由于基础的公共服务设施种类不健全、不完善,导致老年人不能够在室外场所进行相应的娱乐活动;其次,公共服务设施并没有针对老年人的实际情况加以设计,导致基础公共服务设施不能够满足大多数老年人的实际需求。目前很多的基础公共服务设施是以住区标准进行设计与结构布置,以老年人的住区作为核心,并且根据步行的距离向周边辐射,保证公共设施的覆盖范围尽可能满足周边住区老年人的需求。因此,寒地旧住区过于简单的公共服务设施限制了老年人户外活动,也在一定程度上影响了其外出积极性,同时也不利于老年人之间的交流与沟通,进而直接导致老年人的身体素质和精神状况呈现逐步下降的趋势,甚至会影响到他们的身心健康,进一步增加老年人的孤独感和空虚感。

步行空间系统是连接住区内外的重要载体,同时也是老年人外出活动不可或缺的活动场所。随着近几年人们经济水平的提高和私家车数量的不断上升,很多寒地旧住区预留停车的位置不能够满足住区人的需求,因此出现了很多汽车随意停放的现象,堵塞公共活动道路与场所的情况极为严重。这种现状不仅大大挤占了老年人的户外活动空间,同时对住区活动空间的建设也有不良影响,直接削弱了老年人户外活动的积极性。除此之外,寒地旧住区很多道路是丁字路,并没有进行合理的规划与设计,使得住区内部的道路较为凌乱,给老年人的日常出行带来了一定的阻碍。

在住区规划建设方面,要考虑防风措施,室外植被、室外活动区的位置选择也是重要的考虑因素,在住区的建设中,需要考虑风屏障因素。

事实表明,如果小区拥有多样化的公共服务设施,则不仅会极大地丰富老年人的日常生活,也会成为老年人聚集的中心地带,从而更好地满足步行能达范围内老年人的需求,另外,也能够在很大程度上提高老年人彼此之间的熟识程度,进而增进邻里感情。所以,笔者认为,包容性设计理念必须予以大力推广,并结合相关设施的利用频率及其服务范围来设置,以最大程度地满足老年人的日常需求,同时,充分利用当地气候及植物特点,与相关设施合理布局,改善室外环境质量,提升活动空间的舒适度,吸引更多的老年人参与到社会活动中来,积极展开互动互助,从而使寒地旧住区再现生机和活力,确保当地老年人能够老有所乐。

2.1.2 寒地城市养老模式特征

寒地城市和现阶段我国整体的发展模式与实际情况基本一致,主要可以分为居家养老、机构养老、住区养老这三种常见的养老模式。

居家养老是指老年人在进入老年生活以后,由子女或者家庭的其他成员进行照料,同时也可以说是家庭成员之间互帮互助。居家养老模式无论是在居住建筑方面还是在居住的室内布局方面都没有根据老年人的实际情况进行设计,因此并不能够完全适合老年人的养老生活,在一定程度上存在着较大缺陷。

机构的养老模式是将老年人送往专门的机构进行养老,主要分为福利机构和营利机构两种。福利机构所有的经费支出大多数来源于国家财政的拨款和补贴,但补贴覆盖面相对有限,基础设施以及医疗卫生条件不足以满足老年群体的实际需求。随着近几年的发展,老年人群体的数量在不断扩展,很多民营养老机构应运而生,与此同时,很多老年人会选择这样的营利机构进行养老,这样老年人的老年生活可以由机构的专业人士进行照料,同时能够给老年人提供正常的医疗保健和休闲娱乐场所,解决老年住房地区发展不平衡的问题,为老年人提供相对舒适的养老环境和居住场所。

住区养老相当于是居家养老模式的一种升华,依然是以家庭作为基本单位,为老年人提供长期依托的住所,并根据老年人的实际情况提供一系列的养老服务,但为老年人服务的人群不是家属而是机构的工作人员。这种模式不仅能够给老年人提供相对应的基础养老服务设施,同时在一定程度上能够减轻家属的压力,使得老年人的心理可以得到一丝慰藉。但实际上,由于老年人的身体状况大不如从前,住区照顾的发展模式并不能够完全满足老年人的实际需求,因此复合养老模式被提出。复合养老模式不仅能够将传统居家养老模式的优点涵盖,同时还结合现代化养老模式发展与变化做出了一定的改进,从真正意义上给老年人提供舒适的养老环境。老年人可以选择在家养老,同时也可以进入住区,这样的养老模式一方面能够给老年人提供巨大的便利,另一方面老年人不需要与家人之间间隔太远,方便互相之间的交流与沟通。

2.2　寒地城市复合养老模式现状与住区更新

2.2.1　积极老龄化理念衍生养老模式

在积极老龄化理念的倡导下,越来越多的新型养老模式产生,不再拘泥于传统的居家、社区和机构养老这 3 种主要模式。

我国寒地城市由于气候原因,使得老年人在养老模式的选择上出现了不同的倾向。老年人在日常生活习惯上受到气候影响较大。由于全年寒冷气候持续时间较长,老年人需要更多的室内活动场所和设施,同时也产生了更高的养老服务成本。但是大部分寒地城市的经济发展与发达地区有差距,不论是养老服务供给还是养老机构的建设都还不能满足社会需求。养老服务和设施覆盖面有限,而且高昂的费用也是一部分老年人难以承担的。社会需要能够覆盖足够大范围老年人的适老化生活环境和服务。

基于上述原因,寒地城市在以上 3 种基本养老模式基础上产生了复合养老模式。但归根结底是为了给老年人提供舒适的居住环境和满足老年人的实际需求。复合养老模式与上述 3 种模式之间最大的差异在于:复合养老模式的主体范围更加广阔,同时在一定程度上有利于老年人之间的情感交流与互动。复合养老模式相当于是对居家养老模式的一种有效补充,改善居家养老模式下家庭成员对于老年人的生活需求和照料不够专业,住区的基础服务设施不能够真正满足老年人的实际需要的问题。与此同时,复合养老模式还能够从真正意义上考虑老年人的身心健康,对于老年人的生理、心理变化进行及时的观察与掌握,与以上 3 种传统的养老模式相比,可以说是一种新型的养老模式。

2.2.2　寒地城市住区的多种形态驱动微更新

1. 老年人居住模式变化

我国空巢老人的比例呈现出逐年增长的态势,造成这一结果主要有两个方面的原因,一是子女外出务工,远离父母;二是老人坚持选择独居,不愿与子女同住。而城市家庭中这一比例明显高于农村。

独居老人或与配偶同居的老人是大多数,而且这种情况的人群还会继续扩大。

尽管老年人这种居住意愿比较明确，但是因为老年人特殊的心理、身体状况，不论是主观还是客观，都不同程度地依赖子女或者其他照护人的照顾，随着老年人的年龄增长，独居所面临的生活风险也逐渐加大，这时候，老年人将不得不与能够提供照顾的子女或者家人生活在一起。

2. 老年人住房需求驱动微更新

老年人对居住环境的需求相对比较独特，包含了居住物理环境、家庭结构等方面。老年人对于居住环境的需求不是房间面积和户型等方面的指标，而是舒适度、可达性、设施便利程度、家庭关系等更深层的因素。

老少居模式一方面能够给双方预留一定的空间，同时两者又是相互独立的状态。殷杰学者对于这种养老住房分开的模式进行了深入研究与分析，主要分为同地养老和异地养老这两种主要的模式。同地养老一般是指老年人和年轻的夫妇生活在一起，异地养老是指年轻夫妇和老年人分开独立生活的状态。另外，还有一种是属于邻居型的养老，这种是指老年人和年轻人住在同一个小区但不同楼层，彼此有空间，彼此有照应。

在住房类型上，周向红将老年人住房类型与服务、护理结合起来分析，并将老年人公寓分为自住型、陪助型和特护型 3 种形式。第一类指的是单纯的环境优雅、居住舒适；第二类则是在第一类的基础之上，为老年人提供一定的日常服务；第三类则是具有专门的为肿瘤等重症患者治疗的设施。

张元瑞认为，亲情小区才是适合养老的最佳选择，一个人在退休之后，社会角色发生巨大改变，交往的圈子大幅缩小，因此，儿女的照顾和关怀则显得至关重要，其提议开发商在普通居民小区兴建一定数量的老年房，以利于老少居住在同一小区，甚至于同一栋，当然，最好是同居一室当中。所以，其提出了老人住房的 3 个类型，一是“老少居”，指的是老少共住一房，但必须保证各有其独立的空间设施；二是“老年公寓”，指的是集中身体状态良好的老人共同居住的住所；三是“关怀住宅”，指的是能够为老年人提供一定看护服务的住房。

包宗华的观点与上面的观点大同小异，其建议开发商在子女居住的小区，合理匹配一定数量的老年公寓，认为有以下几个方面的好处。一是老年人入住后，并无入住其他养老机构的不适感，既能享受自由的生活，也能随时见到子女；二是入住后，即可享有有偿的专门针对老年人生活及医疗方面的服务，其与外面专门的医疗机构不同，有利于老年人心情的放松，对于老年人的身体康复更为有利。

处于变化阶段的居住模式与老年人居住需求之间有两方面关系，一方面是居住面积指标是否达到家庭人员结构的居住基本要求；另一方面，住房设施的适老性及社区养老服务配置的提升优化的需求是住区微更新的重要驱动因素。

2.2.3　使用者的动态需求导向下的住区空间优化

1. 代际差异下的养老需求转变

代际差异导致年轻人和老年人在消费观念、生活理念、成长背景、经济水平、养老意识等方面均存在差异。在消费观念上，年轻人更加注重外观和品牌，而老年人则更加在乎价格和产品质量。在生活理念上，老年人对后代的教育观更加保守，更加期望儿女按照传统的方式结婚生子、成家立业，而年轻人则更加倾向于追求个人的精神与物质享受。在成长背景上，老年人多数经历过一段穷苦时期，而年轻人则从小就物质生活比较丰富。

根据年龄，国外将不同的世代分为，沉默的一代、婴儿潮一代、X 世代、千禧一代、Z 世代等。在代际差异方面，沉默的一代更加自信、保守、具有奉献精神、节俭；婴儿潮一代更加乐观、注重健康的生活和工作平衡、受教育程度较高；X 世代的适应性更强、渴望独立、自信、务实；千禧一代更加注重自我、对于新事物的接受能力更强、关注多样性、具有强烈的独立意识、善于交际；Z 世代更关注社会影响和环境问题，追求更大的社会价值。

2. 智慧城市发展下的养老需求转变

随着大数据、云计算等新兴技术的飞速发展，“智慧+养老”应运而生，为解决老龄问题带来了新机遇。智慧养老能实现养老服务供需匹配，通过各种智能设备保障老年人健康、安全、独立地生活，同时达到节省人力、物力、财力的目的。智慧养老的早期研究较多关注老年人群的养老需求，后来逐渐倾向于信息技术的研发与应用。

近些年人工智能得到了推广，养老问题迅速与其融合，因此，也使得智慧养老问题引发了社会各界的极大关注。2015 年国务院印发了《关于积极推进“互联网+”行动的指导意见》，该意见明确了养老事业要与智能智慧融合，努力促进我国健康养老事业的发展。特别是 5G 技术的应用，使得互联互通的速度有了显著的提升，也就是说，其对于更好地满足老年人的养老需求发挥了越来越大的作用。具体来讲，其不仅极大地提升了相关服务效率，也在一定程度上降低了服务成本。而且，随着城市建设的智慧化程度越来越高，各类城市资源得到了优化，实现了智慧互通和智慧集成，亦有利于提升老年人的生活质量，更好地满足当代老年人的差异化需求。从 2017 年我国开始建设智慧健康养老示范点算起，至今已接近 400 家，在其发展过程中出现了一系列的问题。因此，工业和信息化部、民政部、国家卫生健康委联合印发了《智慧健康养老产业发展行动计划(2021—2025 年)》，有力地提升了相关问题的解决效果，极大地推动了我国智慧健康养老事业的发展。在国家大力提倡智慧养老以及互联网技术普及的背景下，国内智慧养老模式有了初步发展。例如兰州的“虚拟养老院”、武汉的“一键通”、上海的“养老顾问”等上门服务网络建设。

但是,目前智慧养老在我国的落实仍存在以下问题:覆盖面窄,服务及产品缺乏标准化,产品互联互通性、适老化程度有待提高,没有充分了解老年人的需求。因此,应当加强对智慧养老的研究,尤其是随着代际差异逐渐显现,智慧养老在未来的养老模式中将发挥重要作用。

2.3 研究理论基础

2.3.1 住居学理论与住区环境品质

住居学根据社会的发展和历史,以及人类生活居住的行为之间存在的联系进行研究与探索,发现了多者之间存在的内部规律与联系。住居学是根据居住者的实际需求和生活空间进行研究,人们在解决了基础的温饱问题以后,开始对个人的居住环境提出一定的要求与标准,因此需要根据居住者的实际需求为其提供舒适安全、便捷的室内空间环境,同时能够在这样的社会群体当中演绎多姿多彩的生活景象。该学科与社会学、建筑学之间存在一定的交叉,因此在研究的过程当中,需要对物质环境、社会环境之间的关系加以联系。住居学将居住者的利益作为第一考虑要素,其次通过设计理念为居住者提供舒适的环境,并将优秀传统文化一一传承下去。住居学并不是一个单一的学科,因此需要结合多种学科和实际情况对其研究的内容进行进一步的研究与探索。

人类最基本的生活需求包括内在和外在的两种需求。生活需求要根据生活行为的方式、社会政治经济等相关因素进行考虑,从而设计出符合人类居住需求的空间环境,并能够经得起时间和岁月的考验。

住居空间环境设计不仅需要考虑居住者的空间体验,还需要对居住环境的品质和场所的意义所在进行考虑。以往的居住学研究中提到,空间环境需要根据家庭的实际需求进行设计,并根据不同人群的实际需求做一定的修改,体现其分层的作用与效果。

设计者需要从住居使用者的实际情况进行研究,了解居住空间环境和配置之间存在的联系,同时对不同年龄段、不同性别、不同社会阶层的居住环境进行研究与探索,并对第三方管理者和服务者等相关情况进行拓展研究。

二战之前,一般认为人们的生活包括三个部分,一是日常生活,二是工作劳动,三是休闲游玩,也就是日常所讲的“三分法”。人类对此问题的认知拐点在二战结束之后,当时日本著名的住宅专家西山卯三对此方法提出了不同的观点。其指出从本质上来讲,物质生产始终贯穿着人类的历史过程,那么,人类发展的每一个历史阶段都会形成异于其他阶段的历史特点，因为在漫长的人类发展进程中，不可能每个阶段都是千篇一律的，会在很大程度上反映其所处阶段的时代特点，而之前的理论所展现的则是一种静止的状态，只能将其归结为对简单生活的简单划分，根本无从反映人类的生存目的，与人类社会发展的本质相去甚远。

而之后的吉阪隆正对之前的理论做了重要的补充和拓展，其在相关领域的重要贡献不仅局限于对三分法理论做了补充和完善，更重要的是对人类生活形式重新进行了定义。具体来讲，其将人类的吃喝拉撒睡及繁殖等归结为第一类形式，第二类形式主要包括工作、家务、交换及迁徙等，而第三类则主要包括娱乐、创作及思考等解放人类自身的行为。同时，其认为无论何种生活形式，都离不开住居，住居是人类展现生活方式的重要载体，是根据地和大本营，是不可或缺的存在，而住居又不仅仅是住宅，也包括其周边的环境。众所周知，在漫长的人类发展史中，特别是在原始社会，人类与其他动物并无本质上的区别，都是茹毛饮血，除基本的生理需求之外并无其他需求，属于第一类生活方式；之后，随着人类的发展，逐渐形成了人类自身的文明，慢慢进入了第二类生活方式；再随着商品的出现，人类出现了阶级的分化，贫富差距日益明显，第三类生活方式不可避免地出现。也可以理解为，第一类生活的场所只能是住居，是唯一的场所；第二类虽比第一类生活明显丰富，但其生活内容仍然主要局限于住居之中；第三类则彻底脱离了住居的束缚，基本属于放飞自我，享受生活。可以说，该理论虽未完全摆脱“三分法”的影响和禁锢，但其本质上已经不再属于“三分法”的理论范畴。

第三类生活的范围，将住居学的研究范围延伸到居室之外的空间，即住区空间及社会空间。地理环境与社会环境的不同，对人类居住的行为会产生巨大的影响，同时外界其他因素对于居住者的特点和行为也会产生影响。住居学需要对多者之间存在的差异进行研究与分析，同时在社会不断发展与进步的过程当中，需要更新现有的技术手段与方法，并对不同地区之间文化的差异进行研究与探讨。居住的行为不仅会受到技术方面的影响，不同的文化背景也会限制人们的行为活动。寒地地区独特的气候特征以及气候特征带来的社会特征，为住居学研究带来了一个新的分支。

2.3.2　生活圈理论与住区功能构成

日本学者最早对于居住区的研究起源于生活圈理论，同时结合地理位置建立了一整套的空间体系，具体结构如图 2.1 所示。在 20 世纪 40 年代以后，日本选择在原有的基础之上持续开发研究，加强地区之间的协调平衡发展，同时对于接触公共服务设施进行统筹安排与规划。将定居圈、定住圈、邻里圈这三个层次作为生活圈体系的主要组成部分。

通过对相关文献的研究，不难发现生活圈理论已经在相关研究领域中引起了

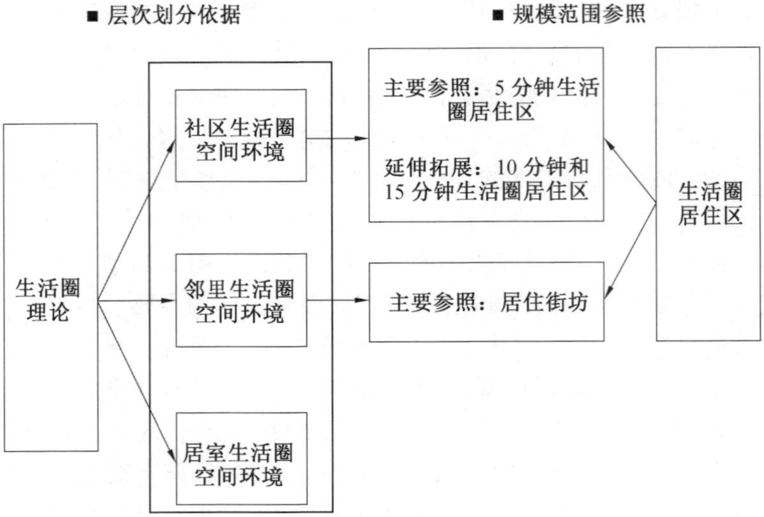

图 2.1　集合住居的生活圈划分和范围参照

广泛的关注。而且，随着该理论与其他相关理论融合程度的不断加深，其衍生理论不断增加，例如典型的有住区生活圈、邻里生活圈等。前者可以归结为该理论在住区的具体应用，具体来讲，其紧密围绕服务设施，积极构建和协调其他空间要素，充分进行住区空间的改造和治理，并积极鼓励群众参与其中；后者则是基于邻里层次理论衍生而来的生活模式，其范围较小，主要是以街坊邻居为主。而世界著名学者 Terrence Lee 认为，邻里空间应该分为两个层次，否则不足以平衡邻里之间的社会交往需求，也无法合理发挥设施服务的功能。同时，其认为科学的邻里范围，应该是合理的社交接触，其规模也应该限定在邻里能够感知的范围之内，所以，笔者在本书中对此问题的探讨主要围绕邻里的社会交往来开展。

随着社会生活节奏的加快，人们的压力逐渐加大，因此使得该理论受到了当代国人的青睐。那么，住区建设的研究者自然也关注到了此问题，国际大都市上海在此方面走在了其他城市的前列，首先制定并推出了相关设计导则，其中涵盖了居住、就业、出行、服务等 4 个方面的相关理念及具体设计策略。《城市居住区规划设计标准》（GB 50180—2018）的推出，标志着此概念正式得到了我国国家层面的认可，而且，该标准中不仅有对其概念的详细阐述，更涉及其层次、规模和相关配置模式等细节问题。该标准认为，生活圈居住区指的是在特定空间内，四周具有城市道路和固定的用地边界，且拥有较为集中人口居住的住宅区，而其空间边界则是由其中的居住人口及行政分区所决定，其衡量的标准则是由设施的服务半径及居住人口的评价来决定。简而言之，其配套设施应该在居住人口普遍能够接受的步行可以达到的范围内，同时，其中的居住人口也必须达到一定的密度，以确保其效率和活力，也就是说，两个条件缺一不可，必须同时具备，如图 2.2 所示。

相关的生活圈划分模式	居住生活圈划分	步行距离	居住人口	居住家庭
住区生活圈的延伸范围	15 分钟生活圈居住区	800~1 000 m	5 万~10 万人	1.7 万~3.2 万户
	10 分钟生活圈居住区	500 m	1.5 万~2.5 万人	5 000~8 000 户
住区生活圈的主体范围	5 分钟生活圈居住区	300 m	5 000~12 000 人	1 500~4 000 户
交往主导的邻里生活圈范围	居住街坊	–	1 000~3 000 人	300~1 000 户

图 2.2 生活圈居住区的分级概念界定和控制标准

我国目前对于生活圈居住区的划分模式,也是本书的城市住区调研划分标准之一,同时为本书提供了不同空间层次的指标范围。

笔者认为,养老院可不归属为日常出行活动的场所,老年养护院的受益群体是需要护理介入的特殊类老年人群,此部分群体走路的速度要远远落后于健康的老年人群,而且,相关研究也充分表明,健康老年人的平均步速约 0.8 m/s,那么其 15 min 约步行 720 m,因此,在实际操作中,必须充分考虑不同健康程度老年人客观需求的差异化,并以此来合理配置"生活圈"。众所周知,养老设施的配建绝非兴之所至,其必须是以社区相关体系为基础所构建起来的综合性系统,其必须与老年人的身体状态高度匹配。随着相关养老设施问题探讨的日益深入,大量的研究成果表明,老年人选择养老设施是由以下 3 个因素所决定的,一是健康情况,二是自身的支付能力,三是自我社交需求。同时,对于老年人来讲,其所需求的服务设施无外乎两大类,一是医疗类设施,二是生活类设施。也有研究表明,前者主要取决于现有的医疗机构分布,因为对于老年人来讲,此问题是不可回避的重要问题,而且鉴于其身体的实际情况,只能借助交通工具去求医,所以说,方便、可达应该是制定相关布局时重点考虑的问题之一,也就是说,相关设施的选址要极具针对性。需要"介助介护"的老年人,其可以自主行走,那么,设施的选址布局就有了更多的可能,只要考虑到这部分群体能够步行达到相关设施即可,另外,也需要适当结合生活圈内的其他适老设施的分布情况,以促进相关设施的多层联运,确保设施利用的最大化。

毋庸置疑,生活圈模式从根本上打破了传统的封闭住区设施模式,可以说是社会的极大进步,在很大程度上提高了相关设施的利用效率。从理论上来讲,该模式所强调的突出差异化和精准化的设计理念是有利于满足当代老年人对于高质量及差异化需求的,是养老服务设施发展的必然趋势。

事实上,如果从建筑学角度来解读生活圈理论,其应该是从城市慢慢向家庭方向发展,也就是说,所谓的住区生活圈也好,邻里生活圈也罢,都不可能独立存在,必须充分兼顾到家庭生活圈。本书对住区的适老化空间的研究,也应该由住区外部环境、居住内部环境扩展到居室内部空间环境的研究上,结合居室环境的适老化研究、居室环境对老年人群生活及行为的影响,进一步提出完善的城市住区居室内环境策略。

2.3.3 复合养老理论与住区适老化

寒地地区冬季气候特点使得防风雪成为重要目标。冬季老年人室外活动、出行的便利性、安全性是住区适老化改建的重要目标之一。除住区地面选择防滑材质、减少路面障碍外,有条件的住区应尽量采用风雪走廊形式,尽量缩短老年人冬季在室外的时长。另外在调研中发现,足够的室内活动空间,是老年人群评价住区适老化水平的重要指标之一。

根据寒地城市的地域特点和气候情况加以综合全面考虑，住区应采用铺装材质，对冬季路面的防滑问题进行改善。同时根据老年人的行为基本特征，保证夜间路灯照明，标牌清晰可见，无障碍基础设施等相关的公共服务，还需要不断优化现有的植物群落和体系结构，给老年人的出行提供更多的便捷。因此住区需要逐步构建和完善慢行网络系统，在保证交通路况安全的情况下，尽可能多样化，给住区居民提供一个安宁和谐的公共空间与环境，如图 2.3 所示。

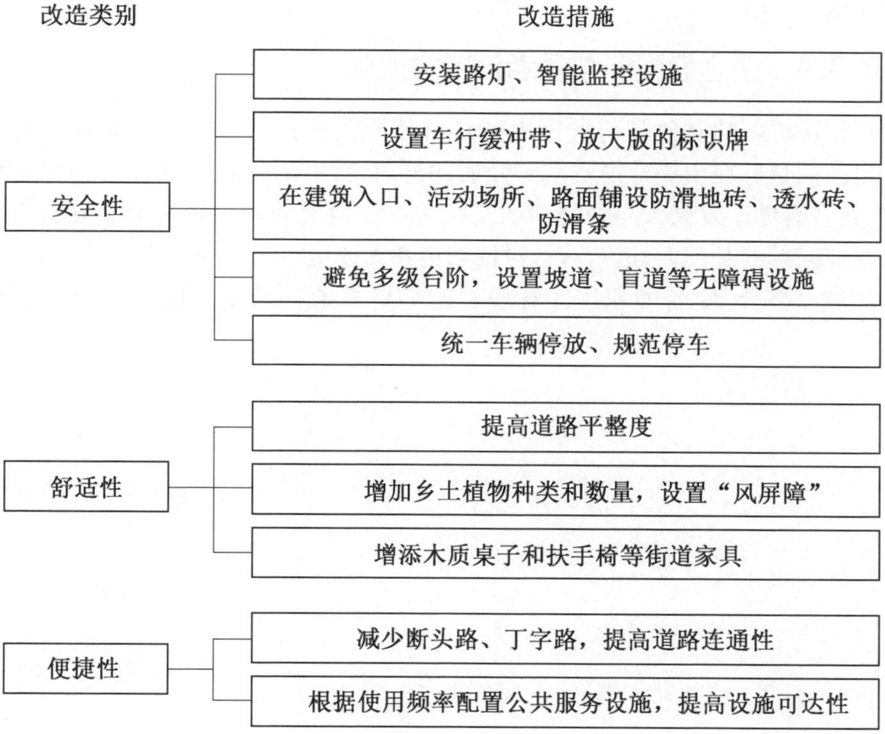

图 2.3　寒地旧住区步行系统适老化改造类别与措施

随着年龄的增长，身体机能或多或少会发生一些潜在的变化，出现听力、视力下降，记忆力变差，行动缓慢，反应迟钝等情况，一方面会对老年人的日常生活造成一定的影响，另外一方面老年人的个人人身安全不能够得到应有的保障。老年人心血管、呼吸、感觉、肌肉、骨骼等多个方面都会有不同程度的衰退，因此，老年人不能够进行长期的户外活动。

老年人身体机能和心理素质不断下降，在一定程度上直接影响老年人对外界环境变化的适应能力，因此，很多的社会娱乐活动根本不适合老年人。根据老年人生理特征和心理状况所发生的变化，可以看出，他们对于周边的生活环境也提出了不同的要求与标准。老年人不喜欢在过于热闹的人群当中居住,害怕太大的噪声;喜欢通透、舒适的环境,喜欢冬天能够感受到阳光的温暖,夏天勤通风、勤透气的环境。老年人对日照有一定的要求,日照一方面能够防止老年人快速衰老,另外一方面在一定程度上能够加强老年人自身的免疫力,为个人的独自出行提供一份安全保障。老年人大多数腿脚不方便,因此住宅楼在设计时需要设置无障碍设施,方便老年人上下楼梯,同时给他们提供安全流畅的出行条件。老年人的身高有一定的差异,在设计方面需要根据实际情况考虑相关的细节问题,不断完善已有的设施与配套设施。

2.3.4 住区微更新与适老化耦合关联

住区微更新的对象是与居民生活具有较强关联性的公共空间和私人生活空间。更新的目标在于提升物质空间品质的同时,提升人们在居住空间当中的精神体验,并且有助于发展人与人之间的交往关系。遵循的原则是在精准分析现有住区所存在问题的基础上,进行有针对性的更新和改造。通过住区微更新项目,将不同资源加以整合,使居民和住区管理者能够更多地参与到住区微更新的过程当中来。

第 3 章　我国寒地城市住区微更新适老化环境要素采集与分析

本章研究内容是我国寒地城市住区微更新适老化要素的采集与分析，通过对调研住区的抽样选择，实地调研获得寒地住区的现状。基于扎根理论，对寒地住区老年人访谈结果进行分析，提取我国寒地住区老年人对住区微更新适老化的需求要素，构建老年人的需求体系框架。在此基础上，通过问卷法，获取老年人对住区微更新适老化变量的满意度评价。结合寒地城市的特点和老年人需求，对未来的城市住区微更新建设提出理论指导。本章的研究路线如图 3.1 所示。

3.1　寒地住区现状调研原则及标准

本节对我国寒地城市区域范围内的住区进行抽样调查研究，力求抽样样本综合、全面，覆盖我国寒地地区省会城市全部住区类别，主要针对微更新相关的指标进行提取。

3.1.1　研究样本的选取原则及标准

为了能够直观、充分地展示我国寒地城市住区的特征，调研的样本选择需要经过缜密的计算。样本的选择越广泛，那么样本容量的确定误差系数就越高，不能够达到预期的理想效果。但如果将样本容量尽可能缩小，在一定程度上会使得调查结果误差程度不断扩大，调查的意义和效果也就无法显现。因此需要根据实际情况对样本容量进行确定，在保证投入较少经费的同时，尽最大可能提高其精确度和可靠性。影响样本容量的主要因素有：总体规模与其内部的异质性、调研精度以及进一步统计分析等。

除样本容量外，还需要对样本的选择标准及抽样方法进行确定。随机抽样虽然不能够对所有的样本进行一一检查，但在数据容量较为庞大的情况下较为适用。随机抽样需要严格遵循概率的原则，保证所有的单元能够被抽中的概率相同，但如果样本的总体数量较少，则不能运用该方法。

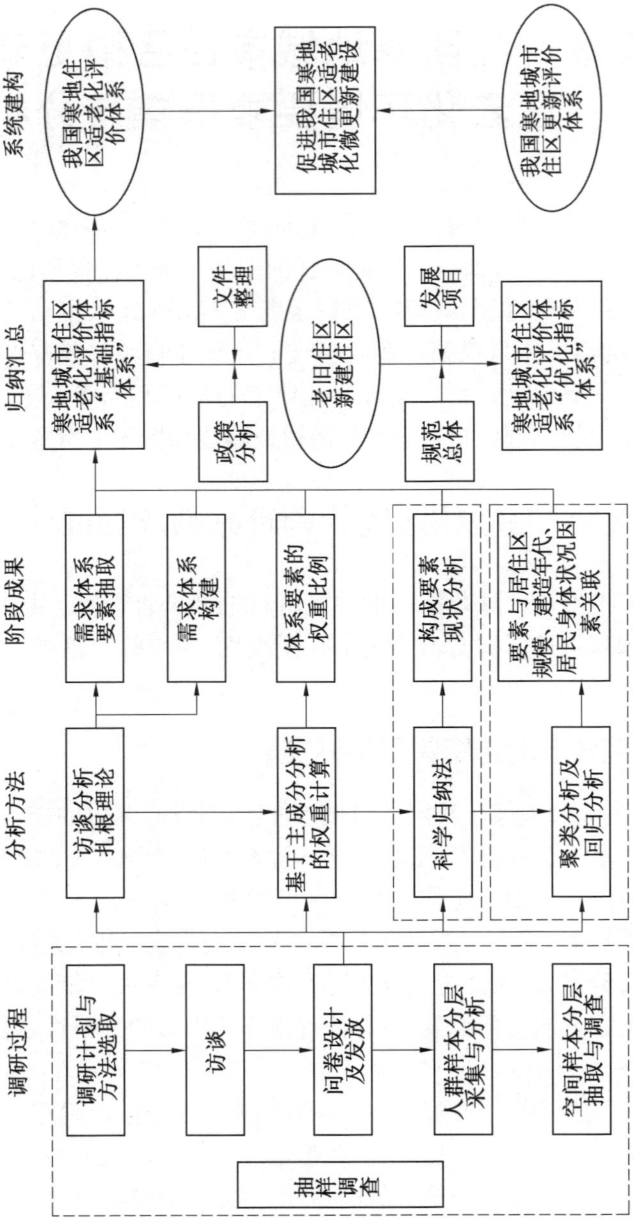
调研过程
分析方法
阶段成果
归纳汇总
系统建构
调研计划与方法选取
访谈
问卷设计及发放
人群样本分层采集与分析
空间样本分层抽取与调查
抽样调查
访谈分析扎根理论
基于主成分分析的权重计算
科学归纳法
聚类分析及回归分析
需求体系要素抽取
需求体系构建
体系要素的权重比例
构成要素现状分析
要素与居住区规模、建造年代、居民身体状况因素关联
寒地城市住区适老化评价体系"基础指标体系"
政策分析
文件整理
老旧住区
新建住区
规范总体
发展项目
寒地城市住区适老化评价体系"优化指标体系"
我国寒地住区适老化评价体系
促进我国寒地城市住区适老化微更新建设
我国寒地城市住区更新评价体系

图 3.1　研究路线

本书主要通过聚类算法和随机数法进行抽样调查。分层抽样对于总体无干扰,因此根据一定的比例在每一层当中进行抽取。对于层内而言,变异系数越低越好;对于层间而言,变异系数越高越好。系统抽样相对而言复杂一些,但可以根据事先约定的顺序和规则进行,保证总体能够均衡分配。

3.1.2　调研住区的抽样选择

根据住区研究样本的选取原则和选取标准,本书作者在沈阳市、哈尔滨市和长春市区域内挑选具有代表性的住区进行调研。对收集到的住区信息进行统计后发现,哈尔滨市现有居住小区3 623个,长春市有3 587个,沈阳市有4 779个,本书从规模、住区建成年代和房价3个角度将现有的住区进行分类。

1. 按生活圈涵盖范围分类

本书作者根据生活圈所涵盖的范围,将沈阳市、哈尔滨市、长春市的现有住区进行归类,见表3.1,作为抽样选择的基础。满足15分钟生活圈规模的住区范围,多为开放型住区或者大型居住小区多期结合。开放型住区没有固定的界限,与城市街道、商业区融合,这类住区通常建造年代较早,住区建设时较少考虑适老化因素。因此,此类住区虽然多数处于城市中心区域,具有较为便利及完善的生活设施以及交通,但是适老化设施方面较差,是住区适老化改进的主要目标。除此之外,此类住区的改造难度也较大,由于与城市的融合度较高,此类住区自有的活动场地大多已被侵占或破坏,为适老化改建增加了难度。

表3.1　根据生活圈涵盖范围分类

距离与规模	15分钟生活圈	10分钟生活圈	5分钟生活圈	居住街坊
步行距离/m	800～1 000	500	300	—
居住人口/人	50 000～100 000	15 000～25 000	5 000～12 000	1 000～3 000
居住家庭/户	17 000～32 000	5 000～8 000	1 500～4 000	300～1 000
分类类别	Ⅰ	Ⅱ	Ⅲ	Ⅳ

大型住区的多期建设融合是我国近年来较常见的住区形式,在各期居住区的外观形态、住区规划及周边商服上都有较好的延续性,形成了一个较为独立的居住片区。由于对用地面积的需求较高,这类形式住区多处于城市的新区,周边的商业及医疗等设施是随着住区的发展而逐渐完善的。生活圈分类为Ⅱ、Ⅲ、Ⅳ的住区较多,住区形式及楼房类型也呈现多样化。

在对我国寒地城市地区现有住区进行汇总分类后,利用选择分层抽样的方法对沈阳市、哈尔滨市和长春市的住区进行抽样,选择样本见表3.2。

表 3.2　根据生活圈涵盖范围划分的住区抽样结果

编号	小区名称	所属分类	区域	选址	层数类型	管理模式	照片
N1	恒祥城	Ⅰ	哈尔滨市南岗区	城市二环	多层Ⅱ类，高层Ⅰ类混合	封闭式	
N2	外滩首府及周边住区	Ⅰ	哈尔滨市群力新区	城市新区	多层Ⅰ类，高层Ⅰ类混合	封闭式	
N3	松北区观江国际	Ⅲ	哈尔滨市松北区	城市新区	高层Ⅱ类	封闭式	
N4	红旗小区	Ⅱ	哈尔滨市道外区	城市中心区	多层Ⅱ类	半封闭式	
N5	爱建住区	Ⅱ	哈尔滨市道里区	城市中心区	多层Ⅰ类，高层Ⅰ类，高层Ⅱ类	半封闭式	
N6	文景花园	Ⅳ	哈尔滨市香坊区	城市中心区	多层Ⅱ类	封闭式	

续表 3.2

编号	小区名称	所属分类	区域	选址	层数类型	管理模式	照片
N7	复华街区	Ⅱ	哈尔滨市南岗区	城市中心区	多层Ⅱ类	开放式	
N8	教授家园	Ⅳ	哈尔滨市松北区	城市新区	别墅	封闭式	
N9	卓扬中华城	Ⅲ	长春市宽城区	城市中心区	高层Ⅰ类	封闭式	
N10	金地名悦	Ⅳ	长春市宽城区	城市中心区	多层Ⅰ类	开放式	
N11	文庭雅苑	Ⅲ	长春市朝阳区	城市中心区	高层Ⅰ类	封闭式	
N12	诗波特生活园	Ⅲ	沈阳市铁西区	城市中心区	多层Ⅰ类，高层Ⅰ类	半封闭式	

续表 3.2

编号	小区名称	所属分类	区域	选址	层数类型	管理模式	照片
N13	北尚丽都	Ⅲ	沈阳市沈北区	城市新区	多层Ⅱ类	半封闭式	
N14	盛华苑	Ⅳ	沈阳市沈河区	城市中心区	高层Ⅰ类，高层Ⅱ类	开放式	
N15	北部经济区居住片区	Ⅰ	沈阳市皇姑区	城市新区	多层Ⅰ类，多层Ⅱ类，高层Ⅰ类	半封闭式	

注：调研小区共 68 个，表中仅列出具有代表性的小区，表 3.3 和表 3.4 情况同此。

2. 按住区建成年代分类

新中国成立后我国住区主要经历了 5 个阶段的发展，各个阶段住区的特征如图 3.2 所示。根据新中国成立后住区发展的 5 个阶段，抽样选取调研住区，选择的样本见表 3.3。

阶段	建设背景	居住区主要形态	主要特点
1. 改革开放以前 (1949—1978 年)	受国家财力制约，单一的住房行政供给制越来越难以满足群众日益增长的住房需求，居住条件改善进展缓慢，住房短缺现象日益严重	邻里单位，“成街成坊”模式，居住小区模式雏形	我国住区概念的雏形，组团的规模布局形式，公共建筑的便民配套设置以及道路的分级组织
2. 我国城市居住区空间形态的起步阶段 (1979—1990 年)	经济增长速度加快，社会分化程度加大	居住区规模扩大，“成组成团”与“成街成坊”	住区的形式更加丰富，以行列式为主平面布局，向灵活多样发展，环境绿化空间系统更加完善
3. 我国城市居住区空间形态的大发展阶段 (1991—1997 年)	这一时期我国住房的相关制度逐渐确定，并进入了住宅的社会化与商品化阶段	淡化“组团”概念，加强邻里院落，提高小区的公共服务能力，形成居住、商业、文体等综合居住区	平面布局向多元化形式的转变，使得步行交通受到破坏，开始注重居住区的绿化等品质提升，商业与住宅结合的居住区形式出现，“住区”模式产生
4. 我国城市居住区空间形态多元化发展阶段 (1998—2005 年)	随着经济的进一步发展和人民生活水平的不断提高，人民对住宅质量要求进一步提高。这一阶段是我国房地产市场狂热增速的阶段	居住区空间结构更加多元化，景观轴线利用现状来设计出更加贴合自然的曲线	住区平面布局的科学化，道路交通的科学化，人文景观开始重视文脉，接受历史传承
5. 我国城市居住空间形态的品质提升阶段 (2006 年至今)	我国的房地产市场开始饱和，并且城市再一次向周边扩展，政府调控力度加大	空间结构的集约化，除居住的功能以外，居住区功能呈多元化发展，出现新的设计思想，可持续发展观指导下的居住区设计，开始规划开放型居住区的设计思想，使传统封闭式居住区平面布局理念得以打破	空间结构的集约化，传统的平面布局被打破，绿色道路交通体系，生态的绿化景观空间，信息技术参与进邻里关系中

图 3.2　新中国成立后居住区发展及特点

表 3.3　根据建成年代划分的住区抽样结果

编号	小区名称	区域	选址	层数类型	管理模式	照片
E1	道外区老旧片区	哈尔滨市道外区	城市旧区	多层Ⅰ类	开放式	
E2	平房区老旧片区	哈尔滨市平房区	城市旧区	多层Ⅰ类	开放式	
E3	锅炉厂家属小区	哈尔滨市香坊区	城市旧区	多层Ⅱ类	开放式	
E4	哈尔滨“安字片区”	哈尔滨市道里区	城市旧区	多层Ⅱ类	开放式	
E5	畜牧局住宅楼	哈尔滨市南岗区	城市中心区	多层Ⅰ类	开放式	
E6	地德里小区	哈尔滨市道里区	城市旧区	多层Ⅱ类	开放式	

续表 3.3

编号	小区名称	区域	选址	层数类型	管理模式	照片
E7	天鹅湾	哈尔滨市群力新区	城市中心区	高层 I 类	封闭式	
E8	四季上东	哈尔滨市香坊区	城市中心区	高层 Ⅱ 类	封闭式	
E9	中关国际	哈尔滨市松北区	城市中心区	高层 Ⅱ 类	封闭式	
E10	恒大锦苑	哈尔滨市松北区	城市新区	高层 Ⅱ 类	封闭式	
E11	永泰城	哈尔滨市香坊区	城市旧区	高层 I 类	半封闭式	
E12	金辉优步学府	沈阳市浑南区	城市新区	多层 I 类，高层 I 类	封闭式	

续表 3.3

编号	小区名称	区域	选址	层数类型	管理模式	照片
E13	白龙江小区	沈阳市皇姑区	城市中心区	多层Ⅰ类	开放式	
E14	安顺小区	沈阳市沈河区	城市中心区	高层Ⅰ类	开放式	
E15	旭升住区	沈阳市大东区	城市中心区	多层Ⅱ类	开放式	
E16	宝石南小区	沈阳市沈河区	城市中心区	多层Ⅰ类	封闭式	
E17	鑫丰华凯鑫城	沈阳市皇姑区	城市中心区	多层Ⅱ类	封闭式	
E18	东岭南街区住区	长春市南关区	城市旧区	高层Ⅰ类	开放式	

续表 3.3

编号	小区名称	区域	选址	层数类型	管理模式	照片
E19	复地哥德堡森林	长春市南关区	城市新区	多层Ⅰ类，高层Ⅰ类	封闭式	
E20	益田枫露	长春市朝阳区	城市旧区	高层Ⅰ类	封闭式	
E21	五五研究所宿舍	长春市朝阳区	城市旧区	多层Ⅰ类	开放式	
E22	万科蓝山	长春市二道区	城市中心区	高层Ⅱ类	封闭式	
E23	南湖新村	长春市朝阳区	城市中心区	多层Ⅰ类	开放式	

根据建设年代总结现有住区发现，现有住区建设年份在 1990 年前的，尚保留使用的住区，基本都位于城市的中心老旧城区，由于建设年代较久，几乎都存在房顶漏水、墙体透寒、楼道破损、庭院废弃、没有安防、车辆乱停乱放、上下楼难等问题，且大多列为城市改造区域的范围。

哈尔滨市 2019 年召开规划会议，计划完成 50 万 m^2 老旧小区综合改造。改造范围包括一大批昔日的重点安居工程。专家总结的改造提议主要包括以下两个方面：

①改造老旧住区基础设施：不仅通过一般性节能改造的楼体保温和屋面防水解决老旧城区墙体透寒、顶层漏水的顽疾等问题，还在此基础上，结合城市风貌、历史、文化、特色从内而外地与现代城市整体规划相匹配。

②通过地下空间再挖掘、增建停车设施等建设项目，将老旧住区闲置的锅炉用房、闲置经营性住区服务用房，改为住区食堂、住区超市、住区医疗、社区养老、住区托幼、住区菜场、住区活动的经营性用房。

通过实地调研发现，2010 年之后建设的小区在住区环境、适老化方面普遍具有较好的水平，需要改造的项目较少，基本可以满足老年人的居住需求。1990—2010 年之间的住区，建设水平参差不齐，具有较大的改造空间。1990 年以前的住区由于建造年代较为久远，虽然楼房结构坚固，但在适老化方面仍然需要较大的改造工程。

3. 按住区房价分类

房价在一定程度上反映了住宅区位、供需关系方面的特征。由于在现有的研究中没有价格区间的分类，因此，本书采用聚类分析法。本书采用的经济指标是通过链家网和安居客获取所调研住区的房屋售价数据，并进行汇总整理和计算，得出均值价格。汇总沈阳市、哈尔滨市、长春市现有的居住小区价格后进行聚类分析，见表 3.4。

表 3.4　根据房屋价格划分的抽样调查结果

编号	小区名称	区域	选址	层数类型	管理模式	照片
X1	金河湾	哈尔滨市松北区	城市新区	高层Ⅱ类	封闭式	
X2	万象上东	哈尔滨市香坊区	城市中心区	高层Ⅱ类	封闭式	

续表 3.4

编号	小区名称	区域	选址	层数类型	管理模式	照片
X3	大正莅江	哈尔滨市松北区	城市新区	高层Ⅱ类	封闭式	
X4	哈公馆	哈尔滨市道里区	城市中心区	高层Ⅰ类	封闭式	
X5	盛和天下	哈尔滨市群力新区	城市新区	别墅	封闭式	
X6	观江国际	哈尔滨市道里区	城市中心区	高层Ⅱ类	封闭式	
X7	龙之港小区	哈尔滨市南岗区	城市中心区	多层Ⅰ类	开放式	
X8	善上居	哈尔滨市香坊区	城市中心区	高层Ⅱ类	封闭式	

续表 3.4

编号	小区名称	区域	选址	层数类型	管理模式	照片
X9	工大左岸	哈尔滨市南岗区	城市中心区	高层Ⅱ类	封闭式	
X10	民生小区	哈尔滨市香坊区	城市中心区	多层Ⅱ类	开放式	
X11	印刷机家属小区	哈尔滨市道里区	城市中心区	多层Ⅱ类	开放式	
X12	三机小区	哈尔滨市道外区	城市旧区	多层Ⅱ类	开放式	
X13	梧桐湾	哈尔滨市利民开发区	城市新区	多层Ⅱ类	开放式	
X14	民生尚都福园	哈尔滨市群力新区	城市中心区	多层Ⅰ类	半封闭式	

续表 3.4

编号	小区名称	区域	选址	层数类型	管理模式	照片
X15	中海龙湾二期	沈阳市和平区	城市中心区	多层Ⅰ类	封闭式	
X16	御景新世界	沈阳市和平区	城市中心区	高层Ⅱ类	封闭式	
X17	朗怡居	沈阳市和平区	城市中心区	多层Ⅱ类	开放式	
X18	中央学府	沈阳市皇姑区	城市中心区	多层Ⅰ类，高层Ⅱ类	封闭式	
X19	五爱新天地	沈阳市沈河区	城市中心区	高层Ⅱ类	开放式	
X20	榆阴小区	沈阳市沈河区	城市中心区	多层Ⅱ类	开放式	

续表 3.4

编号	小区名称	区域	选址	层数类型	管理模式	照片
X21	玉麟大厦	沈阳市和平区	城市中心区	高层Ⅱ类	封闭式	
X22	隆河谷	沈阳市浑南区	城市中心区	别墅	封闭式	

3.1.3 抽样结果分析

在2018年至2019年期间,作者共计调研寒地城市既有居住小区68个,收集住区适老化建设的情况及发放问卷。调查既有居住小区情况如图3.3至图3.5所示。在调研过程中,通过资料收集、现场观察、随机询问及发放问卷的方式,综合了解我国寒地城市地区既有住区的适老化发展现状。

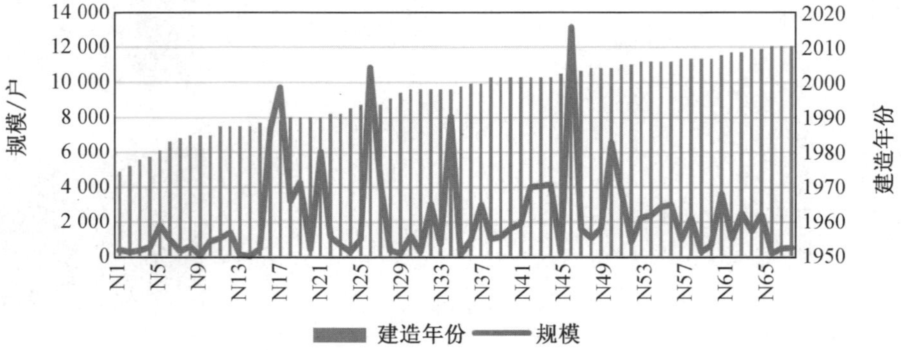

图3.3 抽样住区的建成年代与总户数分析

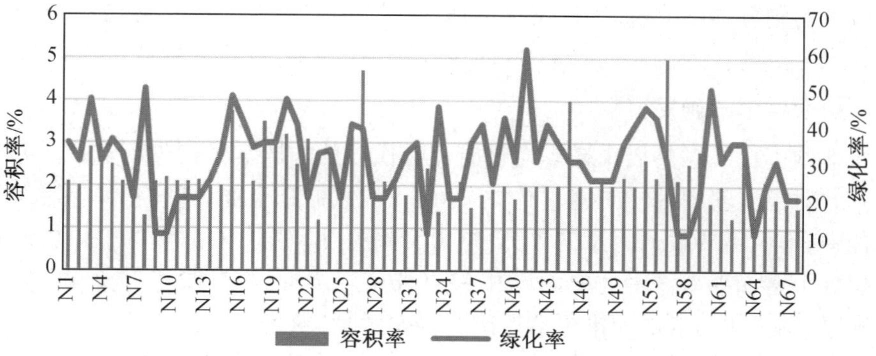

图 3.4　抽样住区的容积率及绿化率

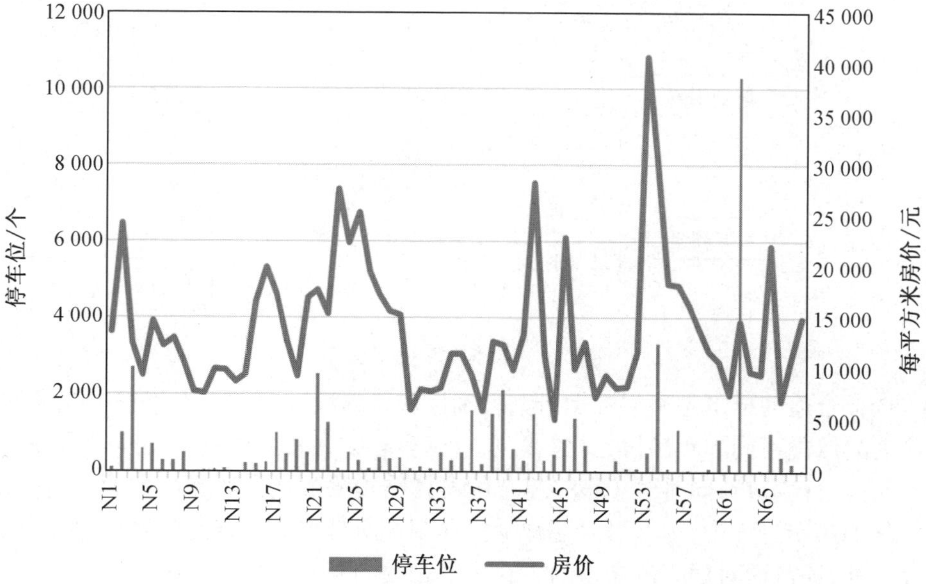

图 3.5　抽样住区的停车位数量及房价

3.2　寒地微更新住区适老化空间及服务要素提取方法

3.2.1　需求要素的提取

1. 调研地点的尺度界定

本书研究的是寒地城市“住区”，对其究竟如何定义？一般认为，其指的是城市中人们用来居住的空间，主要包括三个方面内容，一是环境，二是人口，三是资源，这三方面内容既相互促进，又相互制约，构成了一个复合体。由于“城市住区”

在城市中的划分并不明确，因此本书以居住小区作为基础调研依托，结合居住小区周边的服务空间作为调研的对象，同时也作为住区微更新的主要研究对象。

2. 访谈样本的确定

寒地城市住区老龄居民样本通过研究有代表性的样本案例进行选取。对于调查研究的对象所获得的样本容量越大，所研究的数据越全面、越完整。但在实际调研过程中，不仅需要投入大量的人力、财力和物力，同时会由于样本选择的差异，在一定程度上增加误差。因此要做好相关的研究与分析，并对调查对象、调查类型、调查程序、调查所需要的精准仪器等进行周密考量，获得相应的理论参考依据。在计算样本容量之前需要确定调研精度、预设信度系数等，然后确定最终的样本容量，如图 3.6 所示。

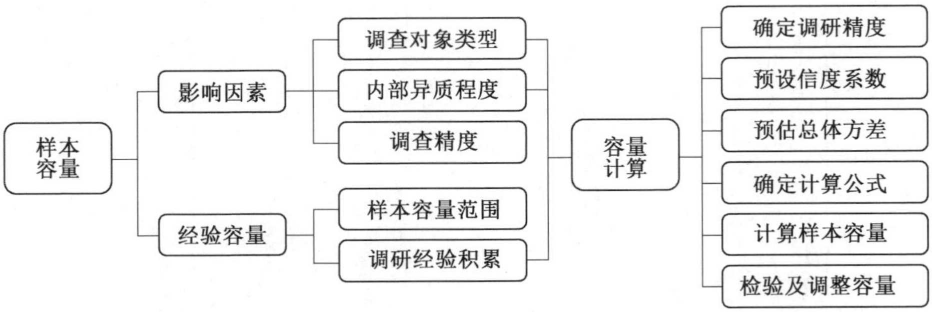

图 3.6　样本容量确定程序

选择合适的样本是确保数据研究准确性和可靠性的根本。本书根据寒地城市住区老龄居民不同的年龄段、身体状况、家庭实际收入和居住基本特征等多种情况进行研究对比分析，同时对于很多复杂的群体结构采取抽样调查的方式进行分析。在实际的操作过程中，为了尽可能减少抽样调查所带来的局限性问题，在进行调查研究之前，通过面对面交流访谈的方式了解相关的基础信息。

3. 访谈资料的收集

本书采取一对一的访谈形式，访谈问题为半开放型。访谈过程录音，并记录访谈要点，便于后续材料的整理。

笔者于 2017 年 8 月 ~2018 年 4 月对寒地城市住区老年人群进行访谈，受访者 70 人，受访者基本信息详见表 3.5。

表 3.5　受访者基本信息

信息	类别	数量	占比/%
性别	男	30	42.9
	女	40	57.1
年龄/岁	≤65	12	17.1
	66～75	26	37.2
	76～85	22	31.4
	86～95	8	11.4
	≥96	2	2.9
婚姻	单身	8	11.4
	已婚	34	48.6
	离异	14	20.0
	丧偶	14	20.0
身体状况	生活完全自理	30	42.9
	生活基本自理但活动能力稍有不足	16	22.9
	日常生活需要一定的帮助	12	17.0
	生活需要人帮助及陪伴	8	11.4
	无法自主外出活动	2	2.9
	需要卧床看护	2	2.9

4. 编码分析

将收集到的寒地城市住区资料进行整理与分析，合并部分编码，剔除部分冗余编码，进行整合之后建立如下概念，见表 3.6。

表 3.6　开放性编码结果

概念	范畴	范畴性质	原始资料语句
a1 住区规划	A1 住区规划	住区规模、选址等因素是评价的基础	“这个小区位置好，去哪都方便。”“我在这住了几十年，习惯了，觉得都不错，唯一的缺点就是太吵了，周围的车都从这过。”“我不喜欢住那种大的小区，都是人，这个多好，人少，清净。”“我们这个小区楼都是多层的，不挡光，我闺女让我搬去她们那个大高层住，我不乐意，住着太不接地气了。”
a2 住区规模			
a3 住区选址			

续表3.6

概念	范畴	范畴性质	原始资料语句
a4 室外活动中心广场	A2 住区室外休闲环境	老年人群对住区室外活动休闲环境的需求	“天气好的时候就喜欢在外面坐着晒太阳、聊天。”“我听说高档小区都有水景,还有专门的种植园,我们这个小区没有种植园,我都把种的花摆在外面,还总有人说妨碍走路,唉!”“那边新装了健身器材。”
a5 住区公园			
a6 水景			
a7 活动广场			
a8 室外休息区			
a9 种植园			
a10 宠物公园			
a11 组团绿地			
a12 室外健身场地			
a13 楼前休息区			
a14 楼前室外活动场地			
a15 地上停车规划	A3 住区配套及服务设施	住区的周边配套设施及住区自身包含的服务	“车太多了,不安全。”“门口就有个诊所,还有药店,平时头疼脑热的就不用去大医院了。”“要我说有个食堂最好,不爱做饭了可以去食堂吃。”“饭店不爱去,太贵了,也不爱吃。”“冬天在室内活动,那边有个活动室,但是太小了。”“我们这垃圾回收很快,楼下就是垃圾桶,一天收好几遍。”“有时候家里哪坏了找不到人修,可着急了。”
a16 地下停车场			
a17 地上临时停车区域			
a18 医疗配备			
a19 住区服务配套			
a20 商业场所			
a21 配套商服			
a22 快递服务			
a23 室内活动空间			
a24 住区食堂			
a25 上门服务			
a26 垃圾回收处理			

续表3.6

概念	范畴	范畴性质	原始资料语句
a27 室外路灯照明系统	A4 住区内适老化设施	住区应该为老年人群提供安全放心的适老化设施	“晚上这路灯都不亮,没法在外面遛弯儿。”“老年人都有这个毛病,总想上厕所。”“路面要是防滑的就好了,尤其是冬天,都不敢出门,怕摔。”“这坡道边上有扶手,我把着扶手慢点走,挺好的。”
a28 公共卫生间			
a29 室外防滑地面			
a30 休息长椅			
a31 活动区扶手			
a32 坡道			
a33 楼内采光	A5 居民楼楼内环境	楼内环境是影响居民生活的重要因素,良好的楼内环境,是评价老年人群生活环境的重要标准	“我家朝向特别好,也没有挡光的,阳光可足了,就冲这阳光我也不愿意换地方住。”“我家楼层特别好,3 楼,不坐电梯下楼也方便。”“走廊温度低,供热不好,还漏风。”“楼里是声控灯。”“楼层太高了,我都不敢往楼下看。”“这个房子看着质量还行,住这么多年了,也没见哪掉皮啥的。”
a34 窗外景观			
a35 声环境			
a36 楼内温度			
a37 楼内湿度			
a38 空气质量			
a39 房屋质量			
a40 楼内照明			
a41 楼类型			
a42 楼梯			
a43 电线、下水等			
a44 层高			
a45 户内声环境	A6 户内环境	居室内是老年人生活的主要场所,居室环境在很大程度上决定了老年人群的生活质量	“窗外就是大马路,可吵了,晚上也都是车,到了夏天更吵,窗户都不敢开。”“最近屋里凉,还没来暖气。”“最近空气还行,去年有段时间有雾霾,我家里都不开窗,我闺女买的清洁空气的机器,我觉得也没什么用啊。”
a46 户内通风			
a47 户内温湿度			
a48 户内色彩			
a49 户内家具			
a50 户型			
a51 户内装修			

续表3.6

概念	范畴	范畴性质	原始资料语句
a52 通向城市道路的无障碍设计	A7 对外交通	交通便利是老年人出行的重要需求	“这地方就一个优点，交通方便，前面就是公交车站。”“没有无障碍，现在腿脚还行，来回走没关系，以后不行了，就尽量不出门了。”
a53 住区距交通站点距离			
a54 无障碍步行系统	A8 住区内部交通	住区适老化程度在很大程度上是由住区的交通情况决定的	“那边新建的小区可好了，地上都是无车的，人随便散步。”“冬天出门不方便，要是有室内连接就好了。”“我家这个小区高档，一楼有休息区，我喜欢在那坐一坐，看看报纸。”“这地面都是防滑的，冬天也不怕。”“门口有坡道，但是不方便，总有自行车挡着，我现在也用不着，也不管那个闲事。物业管了几次了，不好使。”“我在这住习惯了，以后也不想给子女添负担，找个周围的养老院，离家还近。”
a55 室内风雪走廊			
a56 住区内部地上无车系统			
a57 首层门厅休息区			
a58 电梯及电梯厅			
a59 楼层休息空间			
a60 楼内适老化坡道			
a61 便捷开门系统			
a62 居民楼内有防滑地面			
a63 社区养老设施	A9 养老服务空间	适老化的重要设施	“住区的老年人服务，我们这什么时候能有？”“那边有活动室，但是人太多了，应该有专门针对老年人的。”
a64 日间照料场地			
a65 住区会所			
a66 老年人独立活动室			
a67 适老化服务	A10 养老服务	提供适老化服务，为老年人的日常生活提供便利和帮助	“新闻里还有给老人理发、按摩、组织活动的。”“我想以后要是身体不行了，能有人上门帮我做个饭，照顾一下，挺好的，帮衬一下我和老伴儿。”“有时候组织我们唱歌，都没什么人去，宣传不到位，调动不起来大家积极性。我本身愿意去看热闹，人多就好了。”
a68 针对老年人的各种活动			
a69 居家上门照料			

续表3.6

概念	范畴	范畴性质	原始资料语句
a70 住区活动 a71 住区小课堂 a72 住区文化会演	A11 住区文化	老年人需要足够的文化生活	“我记得以前住的大院，大家都组织各种活动，凑一起可热闹了。现在大楼房都没人组织了，没意思了。”“广场舞好啊，热闹，我也跳，对身体好。”“广场舞都是自发组织的，要是有街道组织多好，出去参加点比赛、会演。”
a73 与住区工作人员关系 a74 与邻居关系 a75 与住区邻里关系 a76 与家人联系紧密度 a77 与朋友紧密度	A12 社会关系	老年人群渴望参与社会交往，注重社会交往	“小区工作人员态度都挺好。”“现在的小区跟邻居都不熟。以前都说远亲不如近邻，现在住隔壁也没用。”“要是有个好邻居还是放心的。”“我闺女家住得远，平时上班忙还要带孩子，我一般就不让她折腾了，有时候我去看看她们。”“这么大年纪了朋友走动的少了，我们总想着去哪聚聚，难啊。”
a78 设备齐全 a79 楼内清洁 a80 维修速率 a81 美化度	A13 住区环境	住区基本的卫生环境清洁、美观，为老年人提供清爽的生活环境	“楼道可干净了，别看这个楼老，楼道维护得特别好。我去过很多高档小区，都没有这个干净。”“这个监控坏了挺久了，也没人修，装这个就是摆设，骗人的。”
a82 安全感 a83 私密感 a84 幸福感 a85 参与感 a86 成就感	A14 老年人心理感受	老年人群的心理感受是研究老年人需求和住居满意度的重要因素	“我现在特别幸福，有吃有喝，还有遛弯儿的地方，满足了。”“要是能多一些让我们老年人发光发热的机会就好了，我才 70 多岁，身体又好，我琢磨着我退休都浪费了。”“前段时间办了个讲座邀请我去，我认真准备了很久。”

适老化要素可分为 4 个层面：城市环境、室外环境、养老服务设施和户内环境，与适老化耦合关系如下。

(1)城市环境。

随着社会经济水平的提高，城市居民的需求不再局限于物质环境，社会环境的重要性日益凸显，提升社会环境水平有利于巩固老旧住区的社会结构形态，满足老年人社交、自我尊重和自我实现的需求。在老旧住区微更新中则表现在社区提供的公共服务、公共设施、公共交通等方面。

(2)室外环境。

室外环境除基本的生态功能外,优美的景观环境有助于愉悦身心,人性化的户外活动场地也是老年人进行社交的理想去处,一个良好的住宅室外空间环境是居民日常生活不可或缺的一部分。室外环境的相关指标,主要包括绿化景观水平和休息空间,均可通过居民主观感受进行评价。同时,住区微更新的内容也通过室外活动空间丰富性和协调性来提高居民满意度。因此,将这两个因素纳入指标体系。

(3)养老服务设施。

养老服务设施在住区系统中也起着重要支撑作用,是影响老年人满意度的关键因素,可初步分为市政配套设施及公共服务设施两类。其适老化指标主要包含空间丰富性、使用便利度、服务质量、室内环境、专业度、服务类别、选址等方面指标。养老服务设施也是居民的最基本需求,与居民满意度呈现明显的正相关关系。

(4)户内环境。

住宅户内环境是满足老年人最基本的安全与私密性需求的居住场所,对老年人的生活质量和幸福感起着至关重要的作用,因此户内环境与老年人的满意度息息相关。

主轴编码也被称为关联性编码,关联性编码是在原有基础之上升级的一种编码,这种编码主要是对于选择性编码之间的范畴进行有效关联,同时能够快速提取主轴编码,建立多者之间的关联。简而言之,对于该发生的现象积极地采取相应的措施和方案,并能够达到预期的设计效果,其根本的目的是对其进行深入的研究与分析,建立条件、脉络、策略和结果等多者之间的联系。主轴编码是为了能够很好地跟副范畴之间进行关联。

选择性编码是在主轴编码之后进行选择,根本目的是确定核心范畴,这样能够对周围的环境进行如实的反映,同时能够加强多个范畴之间的联系。在对主范畴进行深入研究之前需要找出核心范畴,根据核心范畴建立所有范畴之间的联系,根据最终的研究判断结果进行分类、总结与归纳。结合选择性编码,提炼出 6 个寒地城市住区适老化环境的主要影响方面,分别为:住区空间、服务设施、居住空间、交通空间、养老服务、住区氛围。

3.2.2 满意度评价方法

1. 问卷数量的确定

设定抽样的选择标准,本书对寒地城市住区进行调研,结合样本容量确定问卷量的程序如图 3.6 所示。样本容量计算公式为

$$n=\frac{N\left(z_{a/2}\right)^{2}\sigma^{2}}{(N-1)d^{2}+\left(z_{a/2}\right)^{2}\sigma^{2}} \tag{3.1}$$

式中　n——样本容量；

u——信度系数；

d——绝对误差；

N——总体容量；

σ——样本标准差。

式(3.1)中 $z_{a/2}$ 的数值由置信水平高低来确定。当置信水平为 95% 时，$z_{a/2}$ = 1.96，结果表示样本容量满足精度要求。当取 95% 为置信水平，根据调研的样本容量计算公式为

$$n = (z_{a/2}S/d)^2 \tag{3.2}$$

式中　S——总体方差。

按照式(3.2)计算，当置信水平取 95%，绝对误差为 0.03。再根据调查结果，预估总体方差 S^2 = 0.25，可以得到调研问卷的最低数量为 1 067。因此本书至少回收有效问卷数量为 1 067 份。

2. 调查问卷的内容

本书的调研问卷主要分为两个部分，受访者的基本资料和对住区适老化环境的评价。

利用扎根理论对老年人访谈内容以及相关因素进行整理。本问卷除采用常规的数据分析方法外，还采用重要性表现程度分析法（importance-performance analysis，IPA），对因素进行重要度以及满意度的双重评价。因此本问卷中包含的项目会涉及两个方面的评价，即重要度评价和满意度评价。

3. 调查问卷的量表选择

利克特量表（Likert scale）是最常用的评分加总式量表，其只是针对同一概念中的项目计分有效，对于单独项目无效。事实上，其源于总加量表，是利克特于 20 世纪 30 年代改进而成，一个利克特选项即是一个陈述。受测者必须明确其对陈述的认同度，一般分为 5 个回应等级，但也有学者认为应该增加至 7 ~ 9 个等级，但无论分为几个等级，数据经过转换后的平均数、变异数、偏态和峰度都应该是相似的。

本书选择利克特 7 分量表。利克特量表将评价划分为 7 个等级，1 ~ 7 分分别对应从非常不满意到非常满意，4 分为中性评价。通过利克特量表，我们可以较为直观地得到受访者对调查变量的主观评价。

3.2.3　调查对象及样本描述

1. 调查对象的信息描述

本书对抽样选择的住区进行实地调研，并对住区范围内的老年人居民（年龄 60 岁以上）发放调查问卷，由于老年人群体中有身体状况、理解能力等限制条件，

因此本问卷采取随机发放、邮寄和一对一问答结合的形式进行，选择认知能力、阅读能力弱的老人进行一对一问答。对选定的调研住区进行不同季节下的问卷调查，并尽量确保问卷涵盖不同年龄段老年人群体，除此以外保证每个住区的有效问卷为30份以上。采取一对一问答形式的问卷，在完成访谈后，即回收为有效问卷。而随机发放和邮寄问卷采取现场回收和邮寄回收的形式。由于问卷主要以一对一问答形式进行，且邮寄问卷数量较少，因此本书的问卷回收率较高。本书共发放问卷2 642份，回收问卷2 348份，其中有效问卷1 879份，调查对象信息见表3.7。

表3.7　调查对象的信息描述

信息	类别	人数	占比/%
性别	男	850	45.2
	女	1 029	54.8
年龄/岁	≤65	452	24.1
	66～75	778	41.4
	76～85	568	30.2
	86～95	77	4.1
	≥96	4	0.2
教育程度	未上学	206	11
	小学	402	21.4
	初中	1 077	57.2
	高中	69	3.7
	本科	88	4.7
	硕士及以上	37	2
月收入	≤1 000元	240	12.8
	1 001～3 000元	841	44.8
	3 001～5 000元	268	14.2
	5 001～8 000元	160	8.5
	8 001～10 000元	224	11.9
	≥10 001元	146	7.8
婚姻	单身	67	3.6
	已婚	527	28.1
	离异	168	8.9
	丧偶	1 117	59.4

续表3.7

信息	类别	人数	占比/%
家庭组成	与子女同住	1 133	60.3
	与孙辈同住	208	11.1
	独居	215	11.4
	与配偶同住	323	17.2
子女个数	1 个	269	14.3
	2 个	428	22.8
	3 个及以上	1 011	53.8
	无子女	171	9.1
身体状况	非常不好	258	13.7
	不好	518	27.6
	不是很好	377	20.1
	一般	198	10.5
	比较好	126	6.7
	好	212	11.3
	非常好	190	10.1

2. 信度、效度检验

采用统计分析软件 SPSS 对问卷数据进行信度检验，得到结论见表 3.8、表 3.9。

表 3.8　个案处理摘要

		个案数	占比/%
个案	有效	1 879	92.1
	排除[a]	162	7.9
	总计	2 041	100.0

注：a 为基于过程中所有变量的成列删除，下同。

表 3.9　可靠性统计

克隆巴赫系数	项数
0.972	34

由于 Cronbach $\alpha=0.972$，大于 0.9，说明信度满足内部一致性要求。

效度代表所检测的结果与内容之间的比对吻合度,吻合度越高,统计结果的效度越高;吻合度越低,数据的效度也越低。效度是对统计数据进行检验的重要方法,效度检验可提高其准确性和可靠度。在进行测量之前需要做好相关的问卷调查,其次,对于测量的数据进行量表评定,规定其范围和测量的目的,并对于测量的内容进行具体分析与研究,保证这两项内容的真实性和准确性。如果测量结果与测量特质的程度呈现相反的状况,那么需要进行再次确定测量。

问卷效度分析结果见表 3.10,问卷数据的显著性为 0.000,KMO 值为 0.989,问卷数据通过了效度检测。

表 3.10　KMO 和巴特利特球形检验

KMO 取样适切性量数		0.989
巴特利特球形检验	近似卡方	77 285.357
	自由度	551
	显著性	0.000

3.3　微更新视角下寒地住区满意度评价

3.3.1　寒地住区现状

1. 受访者信息与住区评价的回归分析

对受访者在本住区的性别、年龄、教育程度、职业、月收入、家庭结构、婚姻状况、子女个数、身体状况、幸福度、心情、过去一周睡眠状况、活动能力、生活时长 14 个自变量与因变量——所在住区的满意度评价进行回归分析,模型摘要见表 3.11,回归分析结果见表 3.12。

表 3.11　模型摘要

模型	R	R^2	调整后的 R^2	标准估算的错误
1	0.235[a]	0.031	−0.002	1.786 4

表 3.12　回归分析结果

模型		非标准化系数 B	标准错误	标准系数 β	t	显著性 P
1	（常量）	4.084	0.979	—	4.171	0.000
	性别	−0.068	0.221	−0.018	−0.307	0.759
	年龄	−0.088	0.070	−0.073	−1.265	0.207
	教育程度	−0.142	0.115	−0.071	−1.237	0.217
	职业	−0.014	0.078	−0.011	−0.183	0.855
	月收入	0.042	0.077	0.032	0.551	0.582
	家庭结构	−0.050	0.100	−0.029	−0.499	0.618
	婚姻状况	−0.112	0.113	−0.057	−0.984	0.326
	子女个数	−0.090	0.140	−0.037	−0.644	0.520
	身体状况	0.152	0.059	0.148	2.583	0.010
	幸福度	0.003	0.040	0.014	0.067	0.003
	心情	0.052	0.059	0.051	0.895	0.372
	过去一周睡眠状况	−0.024	0.059	−0.023	−0.404	0.687
	活动能力	−0.010	0.072	−0.008	−0.141	0.888
	在本住区的生活时长	−0.070	0.109	−0.037	−0.644	0.520

由表 3.12 可知，身体状况的标准回归系数为 0.148，P 值为 0.010（<0.05），因此身体状况的好坏对住区整体满意度评价有显著的正向影响，即身体状况越好，整体满意度评价越高。同理，幸福度的标准回归系数为 0.014，P 值为 0.003（<0.05），因此幸福度对住区整体满意度评价有显著的正向影响，即老年人幸福度越高，对住居的整体满意度评价越高。

2. 住区性质与住区评价的回归分析

对受访者的居住状态，住区与城市景观关系、房价、幼儿园或者学校、住区规模（居民数量）、住区与城市交通关系、面向人群等 17 个子变量与因变量——所在住区的满意度评价进行回归分析，模型摘要见表 3.13，回归分析结果见表 3.14。

表 3.13　模型摘要

模型	R	R^2	调整后的 R^2	标准估算的错误
1	0.237[a]	0.047	−0.003	1.895 7

表 3.14 回归分析结果

模型		非标准化系数 B	标准错误	标准系数 β	t	显著性 P
	(常量)	1.479	1.160	—	1.275	0.203
	老年公寓的位置	0.007	0.061	0.007	0.114	0.910
	住区规模(居民数量)	0.056	0.105	0.031	0.527	0.599
	住宅套数	−0.004	0.109	−0.002	−0.039	0.969
	室外活动空间	0.010	0.228	0.023	0.045	0.05
	城市交通	0.347	0.229	0.091	1.515	0.03
	幼儿园或者学校	−0.062	0.229	−0.016	−0.271	0.787
	医疗机构	0.198	0.234	0.050	0.846	0.398
	房价	−0.003	0.060	−0.003	−0.058	0.954
1	住区与城市交通关系	0.035	0.109	0.019	0.322	0.747
	住区与城市景观(如江、公园)关系	0.161	0.113	0.084	1.422	0.156
	住区与城市基础设施的关系	0.055	0.117	0.029	0.473	0.637
	住区在城市中的位置	0.013	0.113	0.007	0.117	0.907
	居民楼类型	0.128	0.074	0.105	1.743	0.082
	所在楼层	−0.082	0.053	−0.091	−1.539	0.125
	建成年代	0.032	0.089	0.022	0.365	0.715
	面向人群	0.084	0.094	0.053	0.900	0.369
	户型	−0.034	0.051	−0.039	−0.660	0.510

根据表 3.14 的结果可知,室外活动空间与城市交通的回归系数分别为:0.023 和 0.091,对应的 P 值分别为 0.05($\leqslant 0.05$),0.03(<0.05)。因此,住区的室外活动空间及城市交通会影响居民对住区的满意度评价。其他子变量对住区的满意度评价无显著影响。

3. 重要性表现程度分析

对问卷结果进行重要性表现程度分析,结果如图 3.7 所示,分析的因子内容及所属区域见表 3.15。

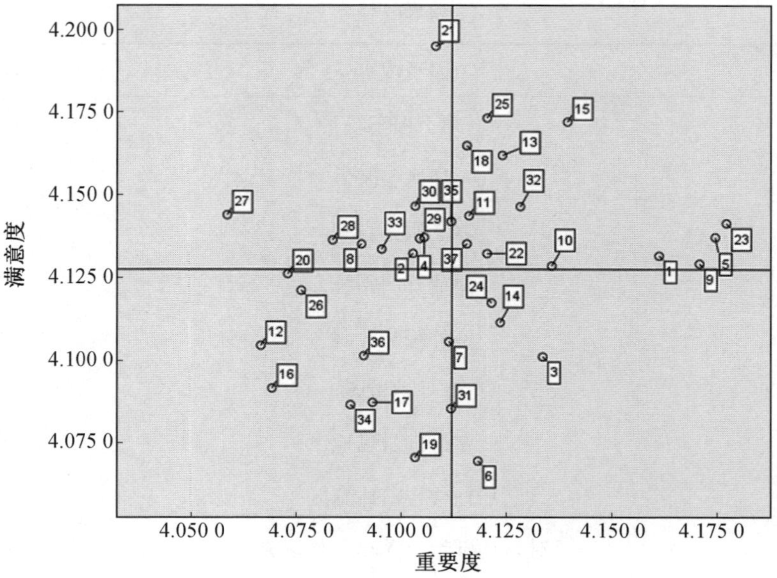

图 3.7 重要性表现程度分析结果

表 3.15 因子内容及所属区域

序号	因子内容	所在象限
1	地上停车场	1
5	住区医院	1
9	通向城市道路的无障碍设计	1
10	无障碍步行系统	1
11	连通到各项服务设施的室内走廊	1
13	配套商服(小区级)	1
15	住区内活动广场	1
18	居民楼内声控灯系统	1
22	快递及包裹存储服务及空间	1
23	足够的休息长椅等	1
25	适老化服务(老年人食堂,餐饮服务)	1
32	组团绿地(组团级)	1
37	楼内适老化坡道	1

续表3.15

序号	因子内容	所在象限
2	地下停车场	2
4	住区公园	2
8	养老服务设施	2
21	便捷开门系统	2
27	室外绿化公园	2
28	室外种植园	2
29	室外健身场地	2
30	居住楼楼前休息区	2
33	住区内部地上无车行驶系统	2
35	电梯及电梯厅	2
7	城市级别商业服务场所	3
12	公共卫生间(无障碍)	3
16	室外休息区	3
17	室外路灯照明系统	3
19	居民楼内有防滑地面	3
20	室外活动区域及步行系统的防滑地面处理	3
26	日常室内活动场所	3
31	楼前室外活动场地	3
34	首层门厅休息区	3
36	楼层休息空间	3
3	室外活动中心广场	4
6	住区各类服务配套	4
14	室外水景观区域	4
24	上门服务	4

根据分析结果(图 3.7)可知:地上停车场、住区医院、通向城市道路的无障碍设计、无障碍步行系统、连通到各项服务设施的室内走廊、配套商服(小区级)、住区内活动广场、居民楼内声控灯系统、快递及包裹存储服务及空间、足够的休息长椅等、适老化服务(老年人食堂,餐饮服务)、组团绿地(组团级)、楼内适老化坡道都是位于第一象限中的点,这些因子是住户感知比较重要且目前已经做得比较好的方面,需要继续保持。

位于第二象限中的点是对于住户来说重要性相对较差但目前已经符合住户要求的方面,其中包括了诸如地下停车场、住区公园、养老服务设施、便捷开门系统等,这些因子可能不是住户生活中的必备环节,但是它们的存在能提高住户对于住区内生活的满意程度。

位于第三象限中的点为发展优先级较低的因子,其中包括了城市级别商业服务场所、公共卫生间(无障碍)、室外休息区、室外路灯照明系统、居民楼内有防滑地面、室外活动区域及步行系统的防滑地面处理、日常室内活动场所、楼前室外活动场地、首层门厅休息区、楼层休息空间等。这类因子不仅不会对住区内的生活满意程度产生较大影响,住户一般也不会认识到这些方面的重要性,因此位于第三象限中的因子属于滞后考虑发展的若干方面,对于住户来说这些方面的改进带来的效用较低。

位于第四象限中的因子为目前待提高的关键因子:室外活动中心广场、住区各类服务配套、室外水景观区域、上门服务。因为住户对于第四象限内涉及的内容有着强烈的意识,但是住区在这些方面做得尚不令人满意,需要在短期内进行改进或维护,以提高住户的满意程度。室外活动中心广场是城市中供居民散步休闲的场所,承载着巨大的人流量,傍晚时分在室外活动中心广场散步或是做一些简单的器械运动、有氧运动已经成为大多数中老年人的每日行程之一,因此住区内若有室外活动中心广场,将大幅度提高住户的幸福感。住区各类服务配套出现在第四象限中,表明就目前各小区提供的服务而言,尚未达到住户的期望和标准。住户对住区配套服务的评价几乎代表了对这个住区的整体评价,当住区能从各方面为住户提供便利时,住户对于住区的认可度和归属感都将提高,从而参与到住区的各方面建设中,形成良性互动。室外水景观区域指的是在小区中搭建如小溪等自然景观区域,以在城市生活中为住户提供灵动感。随着人们生活水平的提高,过去单纯的水泥环境已经难以满足人们对舒适生活的追求,人们希望从各方面都能改善生活的品质。因而,小区中是否存在诸如小池塘、小桥流水等景观,目前也成为了人们选择住区的重要因素,也是各小区需要改进的因素,因为过去建造的小区可能都未考虑到这个方面,因此尽管对这方面的需求越发旺盛,但在短期内整改有较大难度。上门服务指的是住户足不出户就能享受到住区内物业或小区管理方提供的便利服务,这与住区配套服务相似,也是从住户能直接接触到的服务体验而言的。从这 4

个整改需求较为迫切的因子来看，当前住户在选择住区的时候将更加关注小区的“软实力”，而“软实力”恰巧也是大多数小区刚好缺少的部分。

3.3.2 微更新视角下寒地城市住区养老设施满意度评价

1. 不同受访者的评价

从面向住区微更新的角度对养老设施的评价整体分为文体娱乐活动、医疗保健服务、便利性、环境因素、照料服务、成本费用以及养老服务中心满意度7个方面。

(1)性别。

由图3.8可知，不同性别对住区文体娱乐活动、医疗保健服务、便利性、环境因素、照料服务、成本费用、养老服务中心满意度7个指标评价中，男性的满意度均高于女性。男性受访者对照料服务的满意度最高，其次是便利性、医疗保健服务、成本费用、养老服务中心满意度，男性受访者满意度最低的是文体娱乐活动。而女性受访者对住区的便利性满意度最高，满意度最低的为文体娱乐活动和养老服务中心满意度。

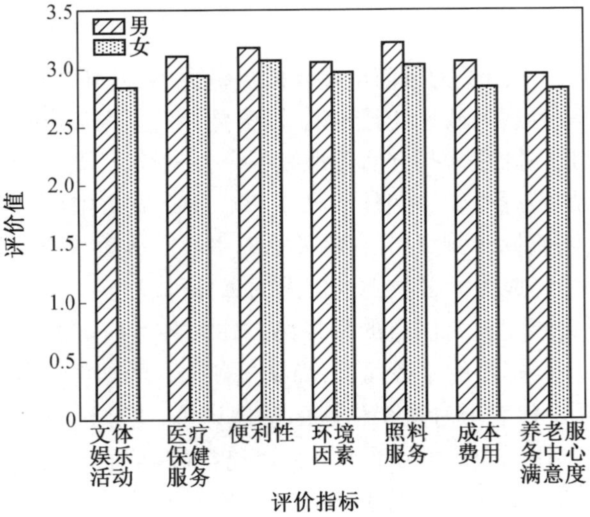

图3.8 性别与满意度关系

(2)年龄。

由图3.9可知91岁及以上的受访者较其他年龄段受访者对住区的评价均为最高。不同年龄段对住区文体娱乐活动、医疗保健服务、便利性、环境因素、照料服务、成本费用、养老服务中心满意度这7个指标的满意度评价均有一定差异。其中，随着年龄的增加对城市住区医疗保健服务的满意度逐渐升高。其他6个指标的满意度评价呈波动状态。

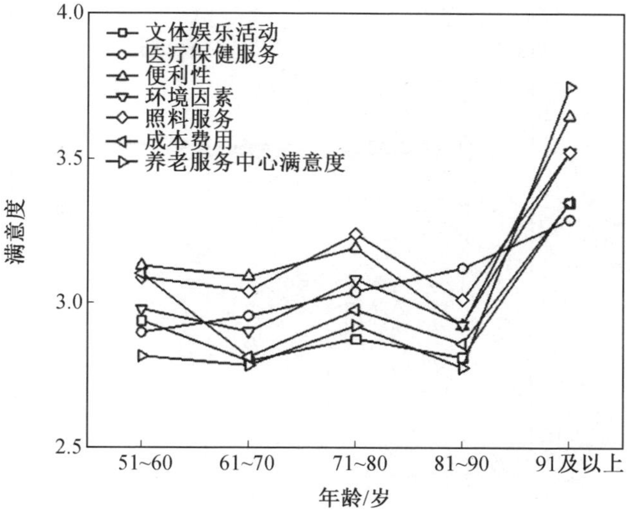

图 3.9　年龄与满意度关系

在 51 ~ 60 岁年龄段的评价中，环境因素、文体娱乐活动、医疗保健服务和养老服务中心满意度这 4 个指标的满意度评分都低于中间值 3 分。

61 ~ 70 岁年龄段中医疗保健服务、环境因素、成本费用、养老服务中心满意度及文体娱乐活动这 5 个指标的满意度低于中间值 3 分。

71 ~ 80 岁年龄段对成本费用、养老服务中心满意度及文体娱乐活动这 3 项的满意度低于 3 分。

81 ~ 90 岁年龄段的受访者对便利性、环境因素、成本费用、养老服务中心满意度及文体娱乐活动的评价低于 3 分。

只有 91 岁及以上的受访者对全部 7 项的满意度高于 3 分。

分析说明，大多数受访者对住区养老环境的满意度整体并不高，尤其对成本费用、养老服务中心满意度及文体娱乐活动这 3 项的评价普遍偏低。未来城市住区适老化发展中应特别注意成本费用、养老服务中心满意度及文体娱乐活动方面的建设。

(3)子女数。

由图 3.10 分析可知，子女数对受访者的满意度评价没有明显的影响。

(4)学历。

研究生及以上学历对文体娱乐活动、医疗保健服务、便利性、环境因素、照料服务、成本费用、养老服务中心满意度 7 个指标的满意度打分差距较大。受访者对医疗保健服务的评价，随着学历的增高而增大，本科学历的受访者对医疗保健服务的满意度最高，然而研究生及以上学历的受访者对医疗保健服务的评价较低，低于中间值 3 分,如图 3.11 所示。

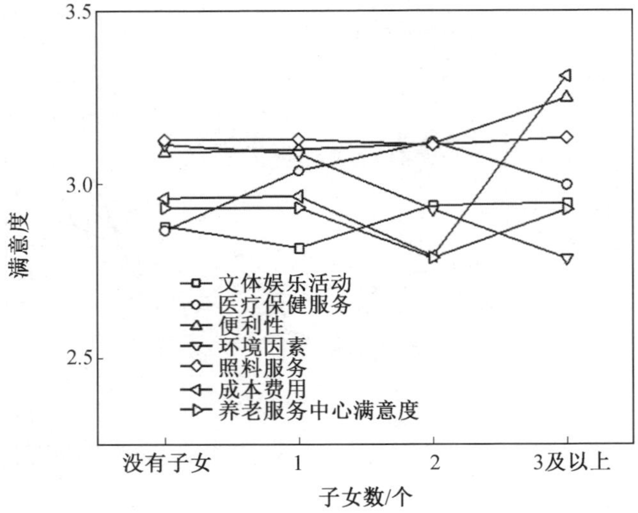

图 3.10　子女个数与满意度关系

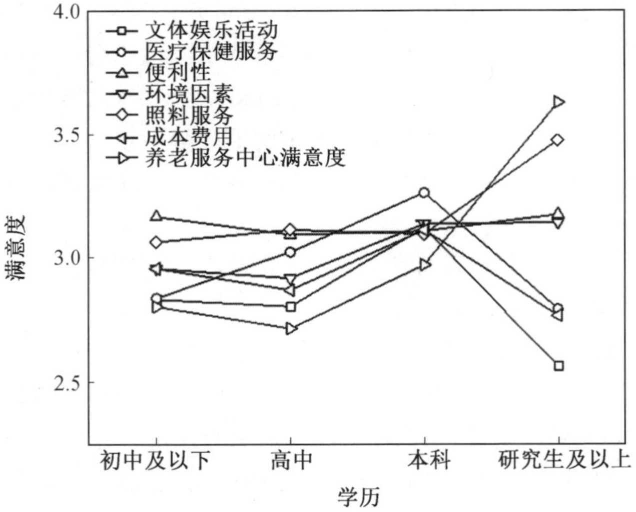

图 3.11　学历与满意度关系

(5)对住区环境了解程度。

随着了解程度的增加,受访者对住区养老服务设施使用的频率增加,受访者对文体娱乐活动、医疗保健服务、便利性、环境因素、照料服务、成本费用、养老服务中心满意度 7 个指标的满意度也基本随之增加,如图 3.12 所示。对住区服务设施了解程度高的受访者,对评价指标的满意度打分均高于中间值 3 分。

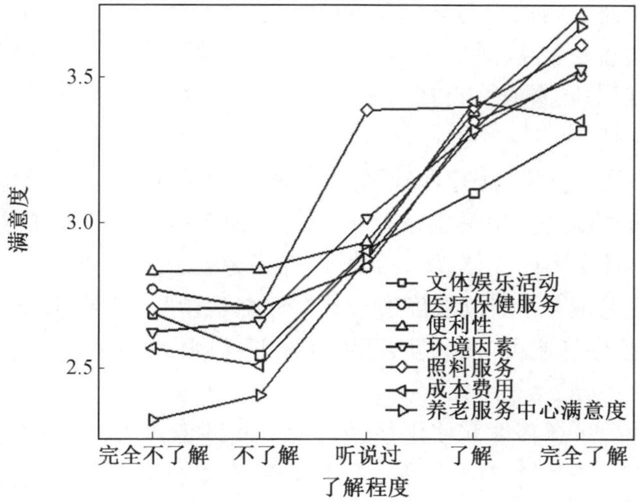

图3.12　对住区环境了解程度与满意度关系

(6)使用住区活动空间频率。

由图3.13分析可知,随着对住区养老服务设施使用的频率增加,受访者对文体娱乐活动、医疗保健服务、便利性、环境因素、照料服务、成本费用、养老服务中心满意度7个指标的满意度也基本随之增加。这说明,有效利用住区的养老服务设施,对提高住区居民对住区各方面满意度有显著作用。

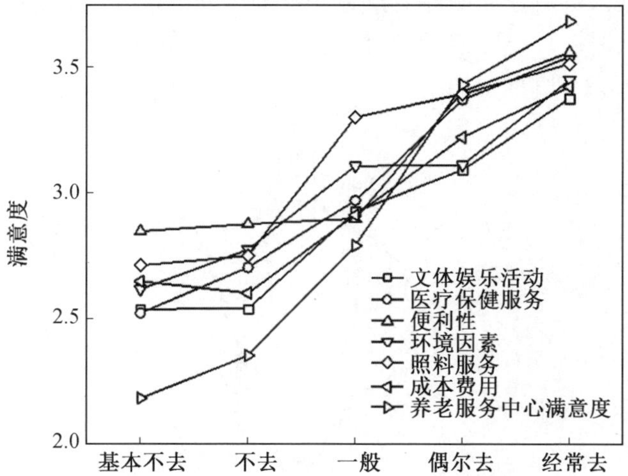

图3.13　使用住区活动空间频率与满意度关系

2. 受访者社会属性与对住区养老设施评价的关系

通过对性别、年龄、子女个数、学历、对住区环境了解程度、使用住区活动空间频率与文体娱乐活动、医疗保健服务、便利性、环境因素、照料服务、成本费用、养老服务中心满意度进行相关性分析，结果显示：子女个数对满意度评价没有明显影响；学历越高，满意度越高；对住区环境了解程度和使用住区活动空间频率越高，文体娱乐活动、医疗保健服务、便利性、环境因素、照料服务、成本费用、养老服务中心满意度评分均越高。

通过对文体娱乐活动、医疗保健服务、便利性、环境因素、照料服务、成本费用、养老服务中心满意度进行相关性分析，结果显示所有维度间均存在显著正相关。

通过对不同性别间的文体娱乐活动、医疗保健服务、便利性、环境因素、照料服务、成本费用、养老服务中心满意度进行独立样本 T 检验，结果显示：不同性别间文体娱乐活动、医疗保健服务、便利性、环境因素、照料服务、成本费用、养老服务中心满意度均无显著差异。

以对住区环境了解程度和使用住区活动空间频率作为控制变量，文体娱乐活动、医疗保健服务、便利性、环境因素、照料服务、成本费用作为自变量，养老服务中心满意度作为因变量进行回归分析，结果显示：模型 R^2 由 0.353 增加为 0.586，始终通过方差分析（ANOVA）显著性检验，可进行回归分析。

回归模型结果显示：对住区环境了解程度和使用住区活动空间频率均对满意度有显著正相关影响（$P<0.05$）。文体娱乐活动、便利性、环境因素、照料服务、成本费用对满意度均有显著正相关影响，医疗保健服务对满意度有相关影响。

3. 养老设施综合评价结果

本书将老年人群对住区的养老设施评价进行分析，评价包括文体娱乐活动、医疗保健服务、便利性、环境因素、照料服务、成本费用和养老服务中心满意度、室内环境，结果如图 3.14 所示。

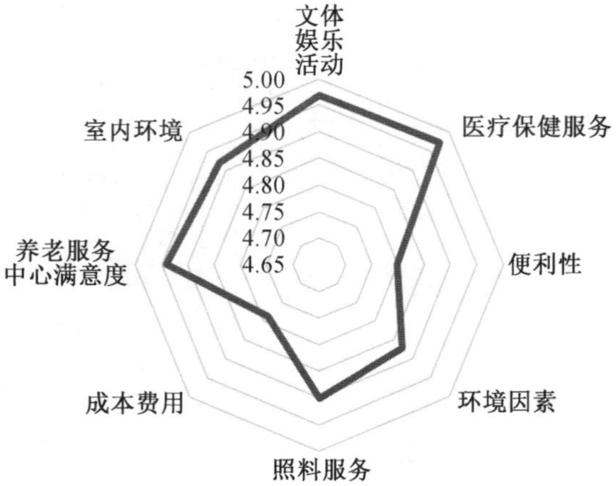

图 3.14 社区养老设施评价

对现有住区的养老设施评价进行分析，发现老年人群认为养老服务设施不够便利并且费用偏高，因此这两个方面满意度比较低，但是对住区养老设施的活动空间环境及医疗保健服务的满意度都相对较高。因此，在住区养老设施的选址上应更加注重位置的选择，提高老年人使用养老设施的便利性。另外，在未来进行微更新的过程中要注意养老设施的成本控制，为老年人提供价格合理、服务质量一流的养老服务，这需要政府和社会各界的支持。

选址要素在微更新当中尽管是不能改变的，但是对于今后的新项目选址还是有较强指导意义的。

进一步分析文体娱乐活动、医疗保健服务、便利性、环境因素、照料服务、成本费用和养老服务中心满意度、室内环境 8 个方面，结果如图 3.15 所示。文体娱乐活动中，对于读书学习的评分较高，而对于举办广场舞活动和举办诗词朗诵活动的评分较低，说明在养老设施中应加强对广场舞等综合性娱乐活动的建设。医疗保健服务中，对于身体健康检查和储备老年人所需的药品评分较高，而对于专业的医生为老年人服务和卫生健康讲座评分较低，说明应提高养老设施内医生的专业性，并且加强卫生健康科普性讲座的开展。环境因素中对于周边空气新鲜和环境清洁的评分较高，而对于温度适宜和周边生活环境安静的评分较低，气温较低是寒地住区的固有特征，但周边生活环境安静的程度则可以通过人为因素得到改善。在照料服务中，对于生活照护周到和定期向老年人咨询情况的评分较高，而有专业的护工为老年人服务的评分较低，说明应提高护工的专业程度。在成本费用中，对收费合理和费用在经济可以承担范围之内的评分较高，对不会额外向我收取其他费用的评分较低，说明虽然收费价格在一定的合理范围内，但还是存在一定的不合理收费现象，应加以改进。在室内环境方面，对于空气质量和室内湿度的评分较高，对于室内温度的评分则较低，说明室内供暖设施还有待完善，以满足老年人动态的室温需求。整体上看，老年人对住区养老设施的评价较为满意，但在集体性活动、医生和护工专业性以及室温方面仍存在一定不足之处。

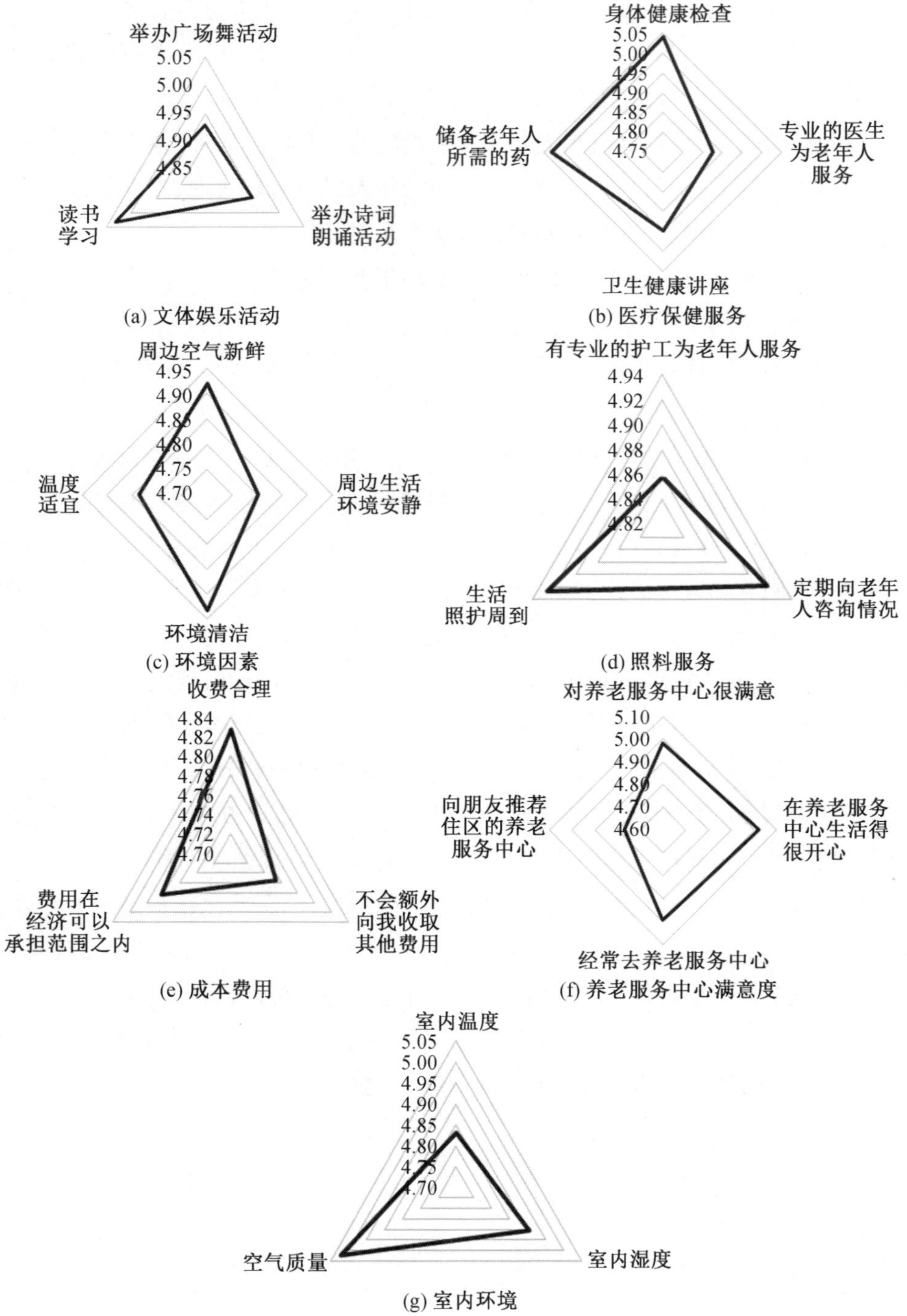

图 3.15　对养老设施不同因子的评价

3.3.3　微更新视角下的寒地城市住区适老化满意度评价

从面向住区微更新的角度，将住区按照人口规模划分为 4 个部分进行分析，如图3.16 所示，分别为 1 000 ~3 000 人、0.5 万 ~1.2 万人、1.5 万 ~2.5 万人、5 万 ~10 万人。结果发现，住区在城市中的空间布局、活动空间丰富性、绿化空间、楼体质量、户内环境、住区内管理、社会关系维护和心理感受普遍较好，住区楼房的协调性、色彩的协调性、内部关联、住区的标志性、对外交通、住区内部交通、住区周边配套设施、住区内设施和住区内适老化设施评价较差。对于大多数指标，我国既有的城市住区在规模划分后的评价并没有明显的区别；其中在绿化空间的评价上，5 万 ~10 万人的评价略高于其他 3 种规模住区的评价；养老服务设施的评价上，0.5 万 ~1.2 万人的评价略低于其他 3 种规模住区的评价。

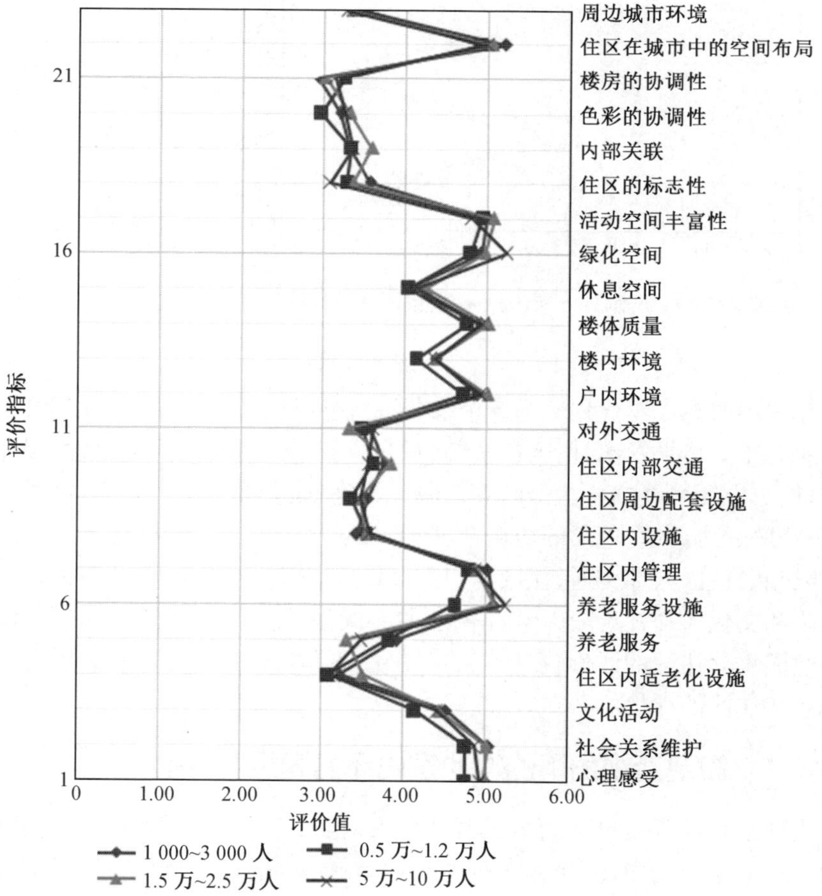

图 3.16　不同规模的评价

通过对不同建成年代的评价(图3.17)对比发现,建成年代早的住区各项评价普遍较低,对城市既有住区的适老化微更新改建工作需求较高。

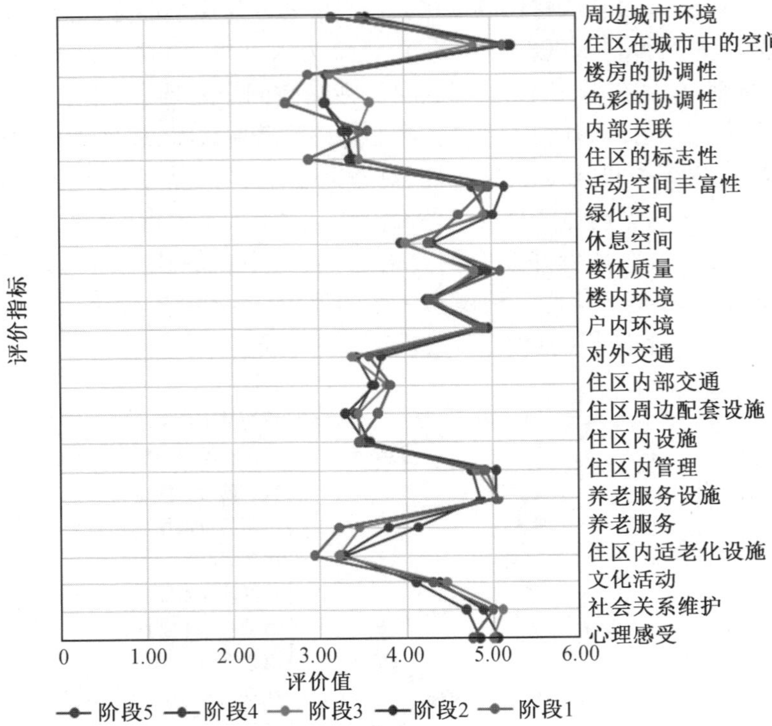

图3.17 不同建成年代评价

将住区按照建成年代划分为5个部分进行分析,分别为阶段1、阶段2、阶段3、阶段4、阶段5。结果发现,住区在城市中的空间布局、活动空间丰富性、绿化空间、楼体质量、户内环境、住区内管理、养老服务设施、社会关系维护和心理感受普遍较好,住区楼房的协调性、色彩的协调性、内部关联、住区的标志性、休息空间、楼内环境、对外交通、住区内部交通、住区周边配套设施、住区内设施、养老服务、住区内适老化设施和文化活动评价较差。在色彩的协调性的评价上,阶段1的评价低于其他4种建成年代住区的评价;在住区的标志性的评价上,阶段1的评价低于其他4种建成年代住区的评价。

3.3.4 微更新视角下的寒地室内环境满意度评价

室内环境是住区微更新的重要改造提升对象,也是个性化需求相对较强的一个方面。不同季节当中,老年人在室内的感受是不同的,通过对老年人进行满意度方面的评价测试,来研究室内环境对于微更新改造的需求。

室内环境的微更新指标主要包含以下几类:室内物理环境指标、室内空间指标以及室内装饰指标。其中，物理环境指标主要包含声环境、光环境、热环境以及空气质量 4 个方面。室内空间指标主要包括空间尺度、空间形态以及空间功能 3 个方面；室内装饰指标主要包含室内色彩、装饰材料、界面质感、家具摆设以及物理性能 5 个方面。

寒地城市由于气候寒冷，室内活动是冬季老年人比较主流的活动方式，因此，室内环境的品质就显得尤为重要。室内物理环境对于老年人的身体感受影响更明显，空间环境和室内装饰对于老年人的心理感受影响更大。对这些方面的指标进行提升，将会对老年人对于室内环境的评价有积极的影响。

1. 季节对空间环境评价的影响

通过对不同季节室内环境的评价分析，得到不同季节下，老年人对住区室内环境的满意度、舒适度差异，从而更好地指导不同季节下室内环境的更新改造。

冬季住户的总体满意度与室内环境、室内家具摆置、室内家具质量、室内装修、室内活动空间、室外活动空间、室外绿化、窗外景观、工作人员服务、室内阳光、室内空气质量、房间里活动时间和室外阳光显著相关，其中与室内空气质量的相关性最高(0.702)，与有无室友、室友关系、房间外绿化和景观无显著相关性。冬季住户的总体舒适度与室内环境、室内家具质量、室内装修、室外活动空间、室外绿化、窗外景观、工作人员服务、室内阳光和室内空气质量显著相关，与室内空气质量的相关性最高(0.563)，与有无室友、室友关系、室内家具摆置、室内活动空间、房间里活动时间和景观无显著相关性。因此在微更新过程中，要根据相关性的高低来判定措施的必要性和有效性(表 3.16)。

表 3.16　冬季室内环境显著性分析

评价指标	总体满意度		总体舒适度	
	Pearson 相关性	显著性 *P*	Pearson 相关性	显著性 *P*
有无室友	-0.083	0.427	-0.154	0.139
室友关系	-0.154	0.139	-0.033	0.750
室内环境	0.654**	0.000	0.315**	0.002
室内家具摆置	0.470**	0.000	0.181	0.080
室内家具质量	0.207*	0.045	0.246*	0.017
室内装修	0.520**	0.000	0.376**	0.000
室内活动空间	0.444**	0.000	0.175	0.092
室外活动空间	0.331**	0.001	0.369**	0.000
室外绿化	0.238*	0.021	0.411**	0.000
窗外景观	0.238*	0.021	0.411**	0.000

续表3.16

评价指标	总体满意度		总体舒适度	
	Pearson 相关性	显著性 *P*	Pearson 相关性	显著性 *P*
工作人员服务	0.642**	0.000	0.392**	0.000
室内阳光	0.386**	0.000	0.406**	0.000
室内空气质量	0.702**	0.000	0.563**	0.000
房间里活动时间	-0.297**	0.004	-0.160	0.124
室外阳光	0.503**	0.000	0.332**	0.001
房间外绿化	0.079	0.447	0.285**	0.005
景观	-0.023	0.826	0.013	0.899

注:①星号代表显著性等级,显著性水平越低,星号越多,即显著性更强,下同。

②“窗外景观”是指从房间往外看到的景观。“景观”是指除窗外可视范围外的整体景观环境,下同。

通过对夏季室内环境的评价分析发现,夏季住户的总体满意度和总体舒适度均与室友关系、室内环境、室内家具质量、室内装修、室内活动空间、室外活动空间、室外绿化、窗外景观、工作人员服务、室内阳光、室内空气质量、房间里活动时间、室外阳光、房间外绿化和景观显著相关,其中与室内环境的相关性最高,相关系数分别为0.723和0.719(表3.17)。

表3.17 夏季室内环境显著性分析

评价指标	总体满意度		总体舒适度	
	Pearson 相关性	显著性 *P*	Pearson 相关性	显著性 *P*
有无室友	0.054	0.449	0.070	0.561
室友关系	-0.191*	0.006	-0.250**	0.038
室内环境	0.723**	0.000	0.719**	0.000
室内家具摆置	0.474**	0.000	0.474**	0.000
室内家具质量	0.451*	0.000	0.396**	0.000
室内装修	0.500**	0.000	0.464**	0.000
室内活动空间	0.502**	0.000	0.421**	0.000
室外活动空间	0.595**	0.000	0.549**	0.000
室外绿化	0.469**	0.000	0.440**	0.000
窗外景观	0.490**	0.000	0.442**	0.000
工作人员服务	0.492*	0.000	0.497**	0.000

续表3.17

评价指标	总体满意度		总体舒适度	
	Pearson 相关性	显著性 P	Pearson 相关性	显著性 P
室内阳光	0.511**	0.000	0.555**	0.000
室内空气质量	0.552**	0.000	0.577**	0.000
房间里活动时间	0.229*	0.009	0.238**	0.012
室外阳光	0.211*	0.005	0.254**	0.021
房间外绿化	−0.299**	0.004	−0.265**	0.001
景观	−0.318**	0.001	−0.300**	0.000

过渡季节住户对室内环境的满意度和舒适度评价见表3.18,总体满意度与有无室友、室友关系、室内环境、室内家具摆置、室内家具质量、室内装修、室内活动空间、室外活动空间、室外绿化、窗外景观、工作人员服务、室内阳光、室内空气质量与景观显著相关。过渡季节住户总体舒适度与室友关系、室内环境、室内家具摆置、室内家具质量、室内装修、室内活动空间、室外活动空间、室外绿化、窗外景观、工作人员服务、室内阳光、室内空气质量和景观显著相关。

表 3.18　过渡季节室内环境显著性分析

评价指标	总体满意度		总体舒适度	
	Pearson 相关性	显著性 P	Pearson 相关性	显著性 P
有无室友	0.210*	0.021	0.119	0.197
室友关系	0.198*	0.030	0.248**	0.006
室内环境	0.720**	0.000	0.690**	0.000
室内家具摆置	0.526**	0.000	0.533**	0.000
室内家具质量	0.498**	0.000	0.524**	0.000
室内装修	0.622**	0.000	0.595**	0.000
室内活动空间	0.557**	0.000	0.572**	0.000
室外活动空间	0.433**	0.000	0.488**	0.000
室外绿化	0.290**	0.001	0.329**	0.000
窗外景观	0.365**	0.000	0.340**	0.000
工作人员服务	0.351**	0.000	0.218*	0.017
室内阳光	0.379**	0.000	0.391**	0.000
室内空气质量	0.402**	0.000	0.413**	0.000

续表3.18

评价指标	总体满意度		总体舒适度	
	Pearson 相关性	显著性 *P*	Pearson 相关性	显著性 *P*
房间里活动时间	-0.050	0.589	-0.062	0.504
室外阳光	0.075	0.413	-0.079	0.388
房间外绿化	-0.074	0.420	-0.046	0.620
景观	-0.228*	0.012	-0.207*	0.023

在季节变化对住区老年人情绪的影响分析中，发现不论在什么季节，室内环境和周边景观均与住户的总体满意度和总体舒适度显著相关。这启示管理者在进行房间设计时，一方面要注重室内装修的质量，契合住户的风格，通过合理的室内设计保证室内良好的空气质量和室内采光，并给住户留下足够的室内活动空间；另一方面也要对室外环境进行绿化，营造较好的室外景观空间，并提高工作人员的服务态度，进而提升住户舒适度和满意度。

2. 季节对情绪的影响

通过分析冬季住户情绪评价，发现住户总体满意度与睡眠情况和选址评价显著相关，其中与睡眠情况的相关性最高（-0.276），与居住时间、适老化服务使用时长、适老化服务使用频率、身体情况、幸福度和心情无显著相关性。住户总体舒适度与适老化服务使用时长、睡眠情况和选址评价显著相关，其中与睡眠情况的相关性最高（-0.395），与在住区的居住时间、适老化服务使用时长、适老化服务使用频率、身体情况、幸福度、心情无显著相关性（表3.19）。

表3.19　冬季居住环境与情绪评价显著性分析

评价指标	总体满意度		总体舒适度	
	Pearson 相关性	显著性 *P*	Pearson 相关性	显著性 *P*
居住时间	0.176	0.207	0.229	0.336
适老化服务使用时长	-0.113	0.040	-0.213*	0.277
适老化服务使用频率	0.006	0.404	0.087	0.954
身体情况	-0.144	0.959	0.005	0.165
幸福度	0.051	0.525	-0.066	0.627
心情	-0.142	0.237	-0.123	0.173
睡眠情况	-0.276**	0.000	-0.395**	0.007
选址评价	-0.218*	0.003	-0.307**	0.035

对夏季住户情绪评价分析发现,夏季住户总体满意度与总体舒适度均与适老化服务使用频率、幸福度、心情和睡眠情况显著相关,其中与心情的相关性最高,相关性系数分别为-0.412和-0.468。与居住时间、适老化服务使用时长、身体情况和选址评价等指标无显著相关性(表3.20)。

表3.20 夏季居住环境与情绪评价显著性分析

评价指标	总体满意度		总体舒适度	
	Pearson 相关性	显著性 P	Pearson 相关性	显著性 P
居住时间	-0.032	0.842	-0.021	0.758
适老化服务使用时长	0.170	0.108	0.148	0.065
适老化服务使用频率	0.181*	0.004	0.262**	0.049
身体情况	-0.099	0.191	-0.121	0.285
幸福度	0.240**	0.000	0.357**	0.008
心情	-0.412**	0.000	-0.468**	0.000
睡眠情况	-0.345**	0.000	-0.353**	0.000
选址评价	-0.157	0.066	-0.169	0.088

对过渡季节老年人情绪和身心健康的评价分析发现,老年人的总体满意度与适老化服务使用频率、幸福度、心情与睡眠情况显著相关,其中与心情的相关性最高(-0.315),与居住时间、身体情况和选址评价无显著相关性。过渡季节住户的总体舒适度与适老化服务使用频率、心情和睡眠情况显著相关,其中与适老化服务使用频率的相关性最高(0.265),与居住时间、适老化服务使用时长、身体情况、幸福度和选址评价无显著相关性(表3.21)。

表3.21 过渡季节居住环境与情绪评价显著性分析

评价指标	总体满意度		总体舒适度	
	Pearson 相关性	显著性 P	Pearson 相关性	显著性 P
居住时间	0.023	0.831	0.020	0.803
适老化服务使用时长	-0.169	0.794	-0.024	0.065
适老化服务使用频率	0.282**	0.003	0.265**	0.002
身体情况	-0.014	0.890	-0.013	0.877
幸福度	0.302**	0.092	0.155	0.001
心情	-0.315**	0.006	-0.251**	0.000
睡眠情况	-0.182*	0.018	-0.216*	0.046
选址评价	0.032	0.868	0.015	0.730

3. 季节因素对室内物理环境的影响

对老年人住户对居室内物理环境的满意度和舒适度分析发现,冬季用户总体满意度与光环境总体评价显著相关,与温度评价和声环境整体评价均呈现显著相关性。总体舒适度与光环境总体评价、声环境整体评价和温度评价均呈现显著相关性(表 3.22)。

表 3.22 冬季室内物理环境显著性分析

评价指标	总体满意度		总体舒适度	
	Pearson 相关性	显著性 P	Pearson 相关性	显著性 P
光环境总体评价	0.347	0.000	0.483	0.001
声环境整体评价	0.214	0.000	0.169	0.003
温度评价	-0.119	0.005	-0.071	0.000

夏季住户的总体满意度和总体舒适度均与光环境总体评价、声环境整体评价显著相关,其中与光环境总体评价的相关性最高,相关系数分别为-0.465 和-0.552,与温度评价无显著相关性(表 3.23)。

表 3.23 夏季室内物理环境显著性分析

评价指标	总体满意度		总体舒适度	
	Pearson 相关性	显著性 P	Pearson 相关性	显著性 P
光环境总体评价	-0.465**	0.000	-0.552**	0.000
声环境整体评价	-0.356**	0.000	-0.320**	0.000
温度评价	0.137	0.886	0.013	0.136

对过渡季节老年人对室内物理环境的评价分析发现,在过渡季节住户的总体满意度和总体舒适度均与光环境总体评价、声环境整体评价显著相关,其中与声环境整体评价的相关性最高,相关系数分别为-0.591 和-0.446,与温度评价无显著相关性(表 3.24)。

表 3.24 过渡季节室内物理环境显著性分析

评价指标	总体满意度		总体舒适度	
	Pearson 相关性	显著性 P	Pearson 相关性	显著性 P
光环境总体评价	-0.298**	0.003	-0.272**	0.001
声环境整体评价	-0.591**	0.000	-0.446**	0.000
温度评价	-0.072	0.651	-0.042	0.433

从结果上来看,不论什么季节住户的总体满意度与总体舒适度均与光环境总体评价显著相关,从一定程度上表明光环境对于公寓住宿环境至关重要,因此公寓的微更新改造设计应充分考虑室内采光的影响因素。室内光环境对于老年人来说,是影响环境满意度的重要影响因素。

研究发现,不同季节下,室内物理环境与老年人的满意度和舒适度都有很高的相关性,因此对室内物理环境进行更加细化的分析(表3.25)。

表3.25　室内光环境评价显著性分析

季节	评价指标	光环境总体评价		光环境满意度		光环境舒适度	
		Pearson 相关性	显著性 P	显著性 P	Pearson 相关性	Pearson 相关性	显著性 P
冬季	光线分布	-0.681**	0.000	-0.635**	0.000	-0.579**	0.000
	照明设备	-.0557**	0.000	-0.498**	0.000	-0.382**	0.000
	光线	0.778**	0.000	0.577**	0.000	0.657**	0.000
	对活动是否有影响	0.461**	0.000	0.405**	0.000	0.514**	0.000
	对活动有什么影响	0.522**	0.000	0.636**	0.000	0.619**	0.000
	光线喜好程度	0.572**	0.000	0.987**	0.000	0.632**	0.000
	光明亮程度	0.655**	0.000	0.826**	0.000	0.567**	0.000
	阴影	-0.470**	0.000	-0.449**	0.000	-0.342**	0.000
	舒适	0.499**	0.000	0.450**	0.000	0.826**	0.000
	窗户	-0.384**	0.000	-0.413**	0.000	-0.556**	0.000
	人工照明	-0.388**	0.000	-0.545**	0.000	-0.650**	0.000
夏季	光线分布	-0.812**	0.000	-0.659**	0.000	-0.757**	0.000
	照明设备	-0.754**	0.000	-0.586**	0.000	-0.662**	0.000
	光线	0.909**	0.000	0.733**	0.000	0.821**	0.000
	对活动是否有影响	0.760**	0.000	0.741**	0.000	0.749**	0.000
	对活动有什么影响	0.790**	0.000	0.776**	0.000	0.790**	0.000
	光线喜好程度	0.637**	0.000	0.985**	0.000	0.708**	0.000
	光明亮程度	0.682**	0.000	0.746**	0.000	0.747**	0.000
	阴影	-0.658**	0.000	-0.449**	0.000	-0.622**	0.000
	舒适	0.765**	0.000	0.740**	0.000	0.953**	0.000
	窗户	-0.483**	0.000	-0.289**	0.000	-0.562**	0.001
	人工照明	-0.639**	0.000	-0.627**	0.000	-0.705**	0.000

续表3.25

季节	评价指标	光环境总体评价		光环境满意度		光环境舒适度	
		Pearson相关性	显著性 P	显著性 P	Pearson相关性	Pearson相关性	显著性 P
过渡季节	光线分布	-0.636**	0.000	-0.606**	0.000	-0.413**	0.000
	照明设备	-0.497**	0.000	-0.565**	0.000	-0.357**	0.000
	光线	0.672**	0.000	0.591**	0.000	0.528**	0.000
	对活动是否有影响	0.518**	0.000	0.571**	0.000	0.463**	0.000
	对活动有什么影响	0.438**	0.000	0.552**	0.000	0.430**	0.000
	光线喜好程度	0.479**	0.000	0.831**	0.000	0.499**	0.000
	光明亮程度	0.314**	0.000	0.420**	0.000	0.378**	0.000
	阴影	-0.244**	0.011	-0.319**	0.007	-0.230*	0.000
	舒适	0.464**	0.000	0.599**	0.000	0.744**	0.000
	窗户	-0.171	0.173	-0.282**	0.062	-0.125	0.002
	人工照明	-0.406**	0.000	-0.506**	0.000	-0.400**	0.000

注："光线"指室内阳光等光线整体评价。"光线喜好程度"是使用者对光线的主观评价。"照明设备"是指对设施内整体照明设备的评价，包括数量、质量、分布等。"人工照明"指室内人工照明使用情况，对便利度、亮度的主观评价。

在冬季，住户的光环境满意度、光环境总体评价和光环境舒适度均与光线分布、照明设备、光线、对活动是否有影响、对活动有什么影响、光线喜好程度、光明亮程度、阴影、影响活动、舒适、窗户、人工照明显著相关，其中光环境总体评价与光线的相关性最高，相关系数为0.778；光环境满意度与光线喜好程度的相关系数为0.987。

在夏季，住户的光环境满意度、光环境总体评价和光环境舒适度均与光线分布、照明设备、光线、对活动是否有影响、对活动有什么影响、光线喜好程度、光明亮程度、阴影、影响活动、舒适、窗户、人工照明显著相关，其中光环境总体评价与光线的相关性最高，相关系数为0.909；光环境满意度与光线喜好程度的相关性最高，相关系数为0.985。

在过渡季节，老年人住户的光环境满意度和光环境总体评价均与光线分布、照明设备、光线、对活动是否有影响、对活动有什么影响、光线喜好程度、光明亮程度、阴影、影响活动、舒适、人工照明显著相关，其中光环境总体评价与光线的相关性最高，相关系数为0.672。光环境满意度与光线喜好程度的相关性最高，相关系数为0.831。光环境舒适度与光线分布、照明设备、光线、对活动是否有影响、对活动有什么影响、光线喜好程度、光明亮程度、阴影、影响活动、舒适、窗户、人工照明显著相关,其中光环境舒适度与舒适的相关性最高,相关系数为 0.744。

对室内声环境的详细分析结果表明,不论什么季节吵不吵、是否有影响、放松感、舒适度均与声环境总体评价、声环境满意度、声环境舒适度显著相关,说明所选变量与声环境的评价联系较为密切(表 3.26)。微改造更新对于该方面因素要采取相应的设计策略予以回应。

表 3.26　室内声环境评价显著性分析

季节	评价指标	声环境总体评价		声环境满意度		声环境舒适度	
		Pearson 相关性	显著性 P	显著性 P	Pearson 相关性	Pearson 相关性	显著性 P
冬季	吵不吵	-0.100	0.930	0.007	0.338	0.009	0.943
	是否有影响	0.204*	0.000	0.401**	0.049	0.391**	0.000
	放松感	-0.595**	0.000	-0.455**	0.000	-0.475**	0.000
	舒适度	0.565**	0.001	0.356**	0.000	0.325**	0.000
夏季	吵不吵	-0.720**	0.000	-0.788**	0.000	-0.764**	0.000
	是否有影响	0.644**	0.000	0.706**	0.000	0.672**	0.000
	放松感	-0.644**	0.000	-0.684**	0.000	-0.686**	0.000
	舒适度	0.690**	0.000	0.652**	0.000	0.632**	0.000
过渡季节	吵不吵	-0.551**	0.000	-0.577**	0.000	-0.516**	0.000
	是否有影响	0.375**	0.000	0.392**	0.000	0.392**	0.000
	放松感	-0.352**	0.000	-0.414**	0.000	-0.417**	0.000
	舒适度	0.570**	0.000	0.581**	0.000	0.586**	0.000

在冬季,住户对声环境总体评价、声环境满意度和声环境舒适度均与是否有影响、放松感和舒适度显著相关,声环境总体评价、声环境满意度和声环境舒适度均与放松感评价的相关性最高,相关系数分别为-0.595、-0.455 和-0.457。

在夏季,老年人住户对声环境总体评价、声环境满意度和声环境舒适度均与吵不吵、是否有影响、放松感和舒适度显著相关,其中声环境总体评价、声环境满意度和声环境舒适度均与吵不吵的相关性最高,相关系数分别为-0.720、-0.788 和-0.764。

过渡季节老年人对声环境的评价整体上介于冬季和夏季之间。

对寒地城市住区室内热环境的评价分析发现,热环境总体评价、热环境满意度、热环境舒适度均与是否闷热、空气质量等显著相关(表 3.27)。

表 3.27　室内热环境评价显著性分析

季节	评价指标	热环境总体评价		热环境满意度		热环境舒适度	
		Pearson 相关性	显著性 P	显著性 P	Pearson 相关性	Pearson 相关性	显著性 P
冬季	是否闷热(热环境)	−0.581**	0.198	−0.392**	0.000	−0.134	0.000
	异味	−0.484**	0.643	−0.330**	0.000	−0.048	0.001
	空气质量	−0.448**	0.336	−0.246*	0.000	−0.100	0.017
	通风(热环境)	−0.135	0.017	−0.367**	0.194	−0.246*	0.000
	湿度(热环境)	0.098	0.357	0.075	0.347	0.096	0.472
	温度(热环境)	−0.054	0.347	−0.001	0.608	−0.098	0.989
	灰尘(空气清洁度)	−0.383**	0.043	−0.086	0.000	0.209*	0.410
	干燥程度(热环境)	−0.364**	0.072	−0.357**	0.000	−0.186	0.000
夏季	是否闷热(热环境)	−0.578**	0.000	−0.437**	0.000	−0.411**	0.000
	异味	0.060	0.000	−0.333**	0.517	−0.316**	0.000
	空气质量	−0.094	0.000	−0.469**	0.308	−0.477**	0.000
	通风(热环境)	0.289**	0.956	−0.009	0.001	−0.005	0.926
	湿度(热环境)	0.165	0.854	0.007	0.073	−0.017	0.940
	温度(热环境)	0.486**	0.046	−0.158	0.000	−0.183*	0.087
	灰尘(空气清洁度)	0.177	0.008	−0.279**	0.054	−0.244**	0.002
	干燥程度(热环境)	−0.025	0.030	−0.223*	0.786	−0.199*	0.015
过渡季节	是否闷热(热环境)	−0.298**	0.052	−0.200*	0.001	−0.178	0.029
	异味	−0.155	0.001	−0.350**	0.091	−0.301**	0.000
	空气质量	−0.174	0.000	−0.408**	0.057	−0.369**	0.000
	通风(热环境)	0.155	0.475	−0.075	0.091	−0.066	0.416
	湿度(热环境)	−0.030	0.082	−0.184*	0.742	−0.159	0.044
	温度(热环境)	0.291**	0.001	−0.267**	0.001	−0.293**	0.003
	灰尘(空气清洁度)	0.040	0.000	−0.346**	0.667	−0.316**	0.000
	干燥程度(热环境)	0.047	0.000	−0.341**	0.608	−0.315**	0.000

冬季住户热环境总体评价与是否闷热(热环境)、异味、空气质量、灰尘(空气清洁度)、干燥程度(热环境)显著相关,其中与是否闷热的相关性最高,相关系数为−0.581,与通风(热环境)、温度(热环境)、湿度(热环境)无显著相关性。热环

境满意度与通风(热环境)、灰尘(空气清洁度)显著相关,其中与是否闷热(热环境)的相关性最高,相关系数为-0.392,与是否闷热(热环境)、异味、空气质量、湿度(热环境)、温度(热环境)、干燥程度(热环境)无显著相关性。热环境舒适度与是否闷热(热环境)、异味、空气质量、通风(热环境)、干燥程度(热环境)显著相关,其中与通风(热环境)的相关性最高,相关系数为-0.246,与温度(热环境)、湿度(热环境)、灰尘(空气清洁度)无显著相关性。

在夏季,住户对热环境总体评价与是否闷热(热环境)、通风(热环境)、温度(热环境)显著相关,其中与是否闷热(热环境)的相关性最高,相关系数为-0.578,与异味、空气质量、湿度(热环境)、灰尘(空气清洁度)和干燥程度(热环境)无显著相关性。热环境满意度与是否闷热(热环境)、异味、空气质量、温度(热环境)、灰尘(空气清洁度)和干燥程度(热环境)显著相关,其中与空气质量的相关性最高,相关系数为-0.469,与通风(热环境)、湿度(热环境)无显著相关性。热环境舒适度与是否闷热(热环境)、异味、空气质量、灰尘(空气清洁度)和干燥程度(热环境)显著相关,其中与空气质量的相关性最高,相关系数为-0.477,与通风(热环境)、温度(热环境)、湿度(热环境)无显著相关性。

在过渡季节,热环境总体评价与是否闷热(热环境)和温度(热环境)显著相关,其中与是否闷热的相关性最高,相关系数为-0.298,与异味、空气质量、通风(热环境)、湿度(热环境)、灰尘(空气清洁度)和干燥程度(热环境)无显著相关性。热环境满意度与异味、空气质量、温度(热环境)、灰尘(空气清洁度)和干燥程度(热环境)显著相关,其中与空气质量的相关性最高,相关系数为-0.408,与是否闷热(热环境)、通风(热环境)、湿度(热环境)无显著相关性。热环境舒适度与是否闷热(热环境)、异味、空气质量、湿度(热环境)、温度(热环境)、灰尘(空气清洁度)和干燥程度(热环境)显著相关,其中与空气质量的相关性最高,相关系数为-0.369,与通风(热环境)无显著相关性。

综合上述三类对比结果来看,寒地城市老年人住户在过渡季节的总体满意度和总体舒适度均高于夏季和冬季,而具体的声光热等物理环境的指标均值均低于夏季和冬季,看似矛盾的结果原因可能是住户对春天和秋天的偏爱,这启示管理方一方面通过良好的声光热保障设施来提高老年人在室内的体验;另一方面要关注老年人的情绪,当硬性条件不能达到尽善尽美时,通过提供友好贴心的服务,营造轻松愉悦的氛围,进而提高老年人对住区的满意度。

微更新作为提高适老化程度,改善老年人生活环境的重要手段和方式,室内物理环境的各项指标是其制定策略的重要依据和影响因素。

3.3.5　突发公共卫生事件下的寒地老年人需求变化解析

寒地城市因其气候寒冷的特点,突发公共卫生事件会对人民生活产生较大的影响。从卫生防疫的要求到居民对于健康的需求,都将是未来新住区建设以及老旧住区更新改造所必须纳入考量范围的重要因素。

伴随着年龄的增长,人体的各个器官和身体机能或多或少都会发生一些潜在的变化,出现听力、视力下降,记忆力变差,行动缓慢,反应迟钝等情况,一方面会对老年人的日常生活造成一定的影响,另外一方面老年人的个人人身安全不能得到应有的保障。

老年人身体机能和心理素质不断下降,在一定程度上直接影响老年人对外界环境发生变化的适应能力,因此,很多的社会娱乐活动不再适合老年人,他们对于周边的生活环境也提出了不同的要求与标准。老年人一般不喜欢在过于热闹的环境中居住,害怕太大的噪声;喜欢通透、舒适的环境,即冬天能够感受到阳光的温暖,夏天勤通风,勤透气,适当增加一些绿色景观,给自己创造一个空气清新的舒适环境。同时老年人对于日照有着一定的要求,日照一方面能够防止老年人快速衰老,另一方面在一定程度上能够加强老年人自身的抵抗力,为个人的独自出行提供一份安全与保障。老年人大多数腿脚不方便,因此住宅楼在设计时需要有无障碍设施,方便老年人上下楼梯。老年人的身高会出现不同程度的变化,在设计方面需要根据实际情况考虑相关的细节问题,不断完善已有设施。

1. 对象与方法

本书采用简便抽样方法,选取在寒地城市住区生活的老年人进行问卷调查,考虑到老年人视力等原因,问卷采取访问者与被访问者一对一问答的形式。调查对象限定标准为:①年龄≥55 岁,②居住在寒地地区,③自愿参加本研究。排除标准:①修正问卷评分<5 分者,②其他原因不能参与者。调研前首先对受访者的精神状态和日常生活能力进行评估,对通过评估的老年人展开问卷调研。本研究中,得分<5 分者为重度或严重认知障碍,排除在本次研究之外。一般资料问卷包括老年人人口社会学资料、身体状况、基本生活状况。

2. 突发公共卫生事件后的寒地老年人需求变化研究结果

本书对我国寒地城市住区老年人的需求变化进行研究,共回收了有效问卷 1 837 份,年龄分布在 60 ~ 92 岁;女性 984 人,男性 853 人,为避免性别差异造成的需求差异,研究中受访者的男女比例控制在近 1 : 1;小学及以下文化程度 373 人(20.30%);调研中大多数老年人的月退休金在 2 000 ~ 5 000 元之间。具体结果见表 3.28。

表 3.28　寒地老年人基本资料

信息	类别	人数	占比/%
年龄	60～69 岁	770	41.92
	70～79 岁	615	33.48
	≥80 岁	452	24.60
性别	男	853	46.43
	女	984	53.57
文化程度	小学及以下	373	20.30
	初中	652	35.49
	高中	493	26.84
	本科及以上	319	17.37
婚姻状况	丧偶、未婚、离异、其他	972	52.91
	已婚	865	47.09
月收入	<2 000 元	279	15.19
	2 000～5 000 元	1 035	56.34
	>5 000元	523	28.47

寒地老年人各需求项目评估结果显示，1 041 名老年人对“饮食管理”有需求，1 429 名老年人对“料理家务”有需求，1 020 名老年人对“身体健康状况监控”有需求。调研中的大多数老年人对“自我照护”“医疗相关信息宣传”“每日活动”“陪伴”和“亲密关系”都有需求，具体结果见表 3.29。目前，绝大多数养老设施和老年人照护人员仍然是以老年人吃好、休息好就是生活好为理念，而忽略了老年人深层次的需求。同时，日常休闲娱乐活动过于单一，活动形式较为固定，适宜的活动场地缺失也是限制老年人娱乐活动、社会交往的重要因素之一。随着我国社会经济的发展，简单的娱乐活动形式难以满足老年人日益丰富的精神需求，尤其是在突发公共卫生事件时，鼓励老年人参与到娱乐活动中，是提高老年人精神状态，满足老年人精神需求的重要方法。因此在住区和养老设施中，丰富的休闲娱乐活动项目、充足的活动场地、良好的室内环境、充足的医疗资源匹配都将极大缓解老年人的焦虑情绪。

表 3.29　突发公共卫生事件后的寒地老年人需求变化

项目名称	有需求/人	占比/%	没有需求/人	占比/%	不清楚/人	占比/%
饮食管理	1 041	56.67	736	40.01	60	3.22
料理家务	1 429	77.79	390	21.23	18	0.98
身体健康状况监控	1 020	55.52	768	41.81	49	2.67

续表3.29

项目名称	有需求/人	占比/%	没有需求/人	占比/%	不清楚/人	占比/%
自我照护	966	52.59	859	47.76	12	0.65
医疗相关信息宣传	1 681	91.51	156	8.49	0	0.00
每日活动	1 505	81.93	329	17.91	3	0.16
陪伴	1 557	84.76	280	15.24	0	0.00
亲密关系	1 496	81.44	339	18.45	2	0.10
活动	1 548	84.27	273	14.86	16	0.87

注:“每日活动”指活动安排类型丰富程度等评价。“活动”指的是活动场地。“陪伴”指所有人群的陪伴,如伙伴、家人等。“亲密关系”指老年人与周围人群或者家人或者工作人员建立的情感联系,是对关系亲密度、信任度的评价。

3.4 寒地城市住区适老化环境需求体系建立

3.4.1 住区适老化更新下的空间需求

我国寒地城市老年人对住区的空间需求主要总结成3个方面:住区空间、活动空间和交通空间。

从前建设的城市新区往往规格较高,而老城区则无法与其相提并论,甚至于新区所开发的小区中的道路也比老城区的宽阔,虽然比较美观,使用起来也有诸多好处,但随之也带来了诸多问题,比如,服务设施等皆为沿街设置,往往超出了老年人步行能达的范围,因此,有许多老年人因此放弃了设施的使用,特别是对于一些行动受限的老年人,可以说造成了极大的困扰。而且,道路宽、车辆少,极易给驾驶员造成错觉,行驶速度偏快,导致老年人很难一次通过路口,从而造成更大的风险。国家对养老问题关注度的上升,为相关产业的发展带来了难得的机遇,吸引了包括房产开发等在内的众多行业的加入,好多房产项目融入相关概念,但对于中国房地产业来讲,这毕竟属于新生事物,对于客户需求缺乏认知,导致一些宣称专为老年人设计建造的“纯老”小区,逐渐暴露出种种弊端,空置率较高。

笔者认为,新开发的住区应该选择“太阳系”式圈层布局,也就是说,要以医疗设施、健康活动中心等老年人必需的公共设施为中心,辐射周边数个老年人步行能达的养老公寓、适老住宅及普通住宅等,以确保老年人使用的便捷。而且,从当前我国一般的家庭结构来看,多是“4-2-1”型,因此,将老年人依赖性较强的服务设施设置于幼儿园、小学附近亦是上佳的选择,不仅便于老年人进行活动,也有利于促进家庭的和睦。

在新小区规划时，必须充分考虑老年人的出行能力和习惯选择的出行方式，以及其活动所及的范围，从而对规模和路网进行合理设计、科学布局，而且，如此操作亦有利于边界的融合，提升开发的灵活度，具体来讲，主要有以下几方面的优势，一是更适合老年人的活动能力，二是提升老年人的安全感和归属感，三是提升邻里的亲密度，四是减轻交通压力和降低交通事故发生率。

而且，老年人的变老亦是一个循序渐进的过程，因此，适老住宅规划应该足够灵活，以尽可能满足老年人不同年龄、不同阶段的差异性需求，但考虑到需求也随时可能改变，因此建议在实际操作中选择轻质隔墙材料、共用管井的办法，以易于日后的改造升级。

老年人的居住区域应该设计一个比较宽广的活动场所，并根据实际情况布置绿化区域，给老年人提供室外健身、休闲聊天的场所。同时在室内环境方面还需要提供一些观赏植物，并对于地面、台阶进行无障碍设计等等。对于一些经济条件较好的养老居住区，可以将连廊与住宅之间进行串联，为老年人在雨雪天气外出活动提供便利，在一定程度上，必须保证老年人室外和室内活动的安全。老年人养老居住场所，不仅需要预留一定的公共空间和基础的娱乐设施，同时还需要设置小庭院等，这样能够给老年人提供休闲聊天的公共场所，促进邻里之间的情感交流与往来。很多老年人有养花、养草等诸多爱好，可以在阳台设计方面适当增加尺寸，给老年人居住场所提供一定的空间并能够陶冶情操，在一定程度上有利于老年人的身心健康发展。

毋庸置疑，满足老年人对住区的需求并非易事，不仅要求内部环境舒适，也要有外部空间布局，因此，在对老旧住区进行改造的过程中，必须适当增加老年人高度依赖的医疗、娱乐等服务设施，并结合住区的人口结构对各项设施进行合理设置，既确保资源的有效利用，也尽可能满足老年人的需求；同时，住区改造及相关功能调整，必须及时向相关部门备案报批，确保符合政府的有关要求。而且，老旧住区改造及功能调整对于缓解当前城市中住房相对紧张的状况，以及有效延长其使用寿命皆有不可替代的重要作用。此外，由于老年人的体力不比年轻人，其交往及活动大多集中在小区之内，故老年人会对小区的室外环境给予更多的关注。但从当前情况来看，随着岁月的更替，我国现有住区外部环境逐渐暴露出来适老性欠缺等问题，主要体现在以下两方面，一是由于时间过长，导致设施老化严重；二是建设时，并未充分考虑老年人的活动特点和活动习惯，所以，老旧住区的适老化改造已经势在必行，以尽可能满足老年人对室外环境和相关设施的需求。此外，我国许多小区的绿化景观经过岁月的洗礼，或老旧破损严重，或成为垃圾临时存放点，因此，建议对老旧住区的绿化景观进行改造时，可以适当设置凉亭、座椅等，以便为老年人身体疲倦时提供临时休息的室外空间（图3.18）。

图 3.18　住区室外景观空间

3.4.2　复合养老模式的服务需求

我国寒地城市老年人对住区的服务需求主要总结成两个方面：日常生活服务和养老服务。

笔者认为，对于老年人来讲，不仅基本生活设计要配套齐全，丰富的文娱活动也不可缺少，特别是对于身体相对健康的老年人而言，影音、棋牌、歌舞等场所是必须具备的，确保老年人老有所乐，当然，此类设施不宜过于分散，可集中设置，使其成为附近老年人的集散之地，同时，也有利于提升空间的利用效率，有研究认为，其辐射半径应该控制在 500 m 之内。在室内，则应该更具前瞻性，正所谓老吾老以及人之老，充分考虑到老年人的生活习惯及行为特点，合理选择电视尺寸及其摆放位置，并在可能存在风险的位置设置扶手，同时，借助新兴技术工艺尽可能减小室内地面落差，并在燃气处加装自动预警及智能监测设备等。

根据最新版《城市居住区规划设计标准》，将公共服务设施分为 6 个类别，如图 3.19 所示。

现阶段很多养老住区的公共基础配套设施都是根据千人指标的计划进行设计，但随着社会老年人数量不断上升，原有的基础公共配套设施已经远远不能够满足当下老年人的实际需求，因此需要在原有的公共服务设施基础之上增设医疗设施、生活娱乐设施等。与此同时，还需要为老年人的室内居住场所设定一定的服务基础配套设施，保证老年人能够居家就享受到各类服务。住区公共服务设施需要有公共管理系统为其提供应有的保障，只有这样才能够将老年人基础服务设施与公共管理体系进行同步设计、同步规划。

老年人住区的适老化服务需求，需要根据城市老年人的实际情况和社会发展的需要综合而定。城市老年人居住设施和城市老年人公共建筑设施是城市老年人服务设施的两大基本类型，针对不同的情况为老年人设计相关的基础配套设施和建筑，生活照料、学习教育、医疗护理、社会交往、精神慰藉等等均属于居家养老服

公共管理与公共服务设施	初中、小学、体育馆（场）或全民健身中心、大型多功能运动场地、中型多功能运动场地、卫生服务中心（社区医院）、门诊部、养老院、老年养护院、文化活动中心（含青少年、老年活动中心）、社区服务中心（街道级）、街道办事处、司法所、派出所、其他
商业服务业设施	商场、菜市场或生鲜超市、健身房、餐饮设施、银行营业网点、电信营业网点、邮政营业场所、其他
市政公用设施	燃料供应站、燃气调压站、供热站或热交换站、通信机房、有线电视基站、垃圾转运站、消防站、市政燃气服务网点和应急抢修站、其他
交通场站设施	轨道交通站点、公交车首末站、公交车站、非机动车停车场（库）、机动车停车场（库）、其他

(a) 十五分钟生活圈居住区、十分钟生活圈居住区配套设施设置规定

社区服务设施	社区服务站（含居委会、治安联防站、残疾人康复室）、社区食堂、文化活动站（含青少年活动站和老年活动站）、小型多功能运动（活动）场地、室外综合健身场地（含老年户外活动场地）、幼儿园、托儿所、老年人日间照料中心（托老所）、社区卫生服务站、社区商业网点（超市、药店、洗衣店、美发店等）、再生资源回收站、生活垃圾收集站、公共厕所、公交车站、非机动车停车场（库）、机动车停车场（库）、其他

(b) 五分钟生活圈居住区配套设施设置规定

便民服务设施	物业管理与服务、儿童活动场地、老年活动场地、室外健身器械、便利店（菜店、日杂等）、邮件和快递送达设施、生活垃圾收集点、居民非机动车停车场（库）、居民机动车停车场（库）、其他

(c) 居住街坊配套设施设置规定

图 3.19　我国城市居住区公共服务设施分类

务的范畴。我国在对于老年人的基础服务设施方面已经制定了相关的标准与要求。住区老年服务设施应该在原有的基础之上对其功能进行完善，同时需要对于老年服务的设施项目进行具体的划分与分类。

根据老年人平时生活服务的基本特征、特点为他们提供衣食住行等多个方面的生活照料和其他相关的服务。除了以上这些情况，如果条件相对宽裕，还可以为其匹配老年餐厅、茶室、便利店等相关服务。

公共服务管理体系的完善与改进是居家养老各项服务工作能够顺利进行的前提条件，因此在居家养老服务真正实施之前，需要保证老年服务管理体系的正常运转，只有这样才能够充分发挥政府和相关部门本身的工作职能，真正将居家养老服务的各个环节落到实处。

应尽快建立完善、健全的居家养老服务政策和相关的法律法规，同时制定清晰的岗位职责与发展目标，保证养老服务的政策能够精准落实下去。另外，不同部门之间的工作关系要协调好，同时对原有的工作体制和工作内容加以完善，保证工作能够顺利开展。

居家养老服务的体系（图 3.20）和职能需要转变，同时通过居家养老市场化的方式吸引一部分企业投资者，这样一方面能够为居家养老服务机构提供充足的资

金，另一方面能够促进和推动居家养老产业化的快速发展。

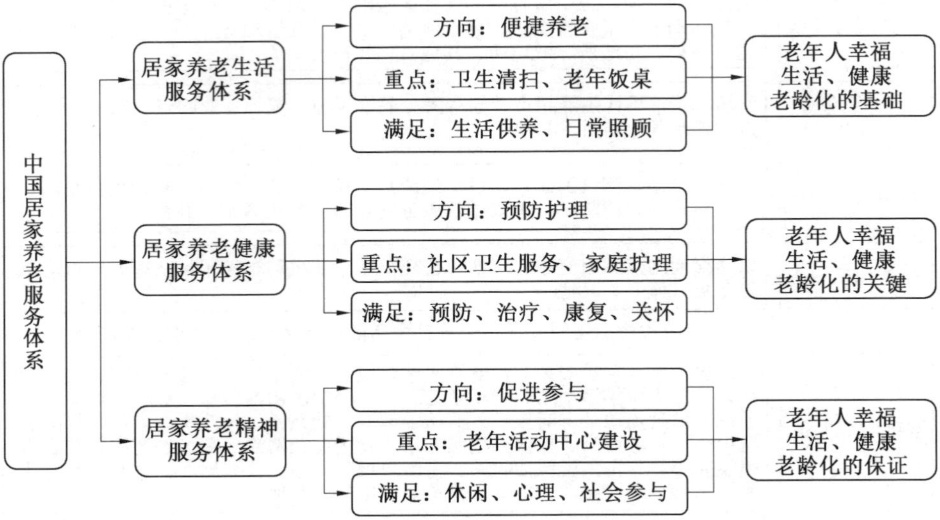

图 3.20　中国居家养老服务体系框架图

随着现代化的发展和网络服务建设的不断推进，社区养老信息服务网络系统的发展步伐不断加快，根据政府机构相关的政策和法律法规以及地方老年人居家养老的实际情况不断完善现有的智能网络系统，并开始建立老年服务、咨询热线、智能呼叫等服务体系，为老年人提供舒适、心仪的社区养老服务和环境。

3.4.3　新型老年社会背景下的精神需求

我国寒地城市老年人对住区的精神需求主要体现在住区的文化氛围、老年人社会关系、老年人心理感受方面。一直发展到现在为止，社会的老龄化问题在不断加剧，因此，老年人的精神需求问题也引起了社会各界的广泛关注与重视。张艳国根据社会环境和条件对人们的生活和利益之间所产生的影响进行分析，认为其会对老年人的精神需求产生极大的影响。同时也有其他学者对老年人的精神需求进行更为详细的划分，生活的质量、生存、生活这 3 个要素是老年人幸福感的具体体现方式。从个人的角度来看，精神的需求包括以下 3 个基本层次：第一，对于每个人而言，每个人都是单独的个体，都有对于自我存在、自我认识的一种实际精神需求，在庞大的社会群体当中寻求自身的认同感和被需要感；第二，需要自身的价值得以认同与体现，因此每个人都需要对于自身存在引起高度的重视，必须要明白这种被重视的感觉所在，能够实现自我价值的同时，也能够给社会创造更多的经济利益和价值；在前两个层次得到满足之后，开始有了第三层次的需要，人们在自我追求和自我实现的过程当中会收获很多的喜悦和幸福。

城市老年人的精神问题由于个体的不同和其他方面的原因，主要集中在人际交往、个人情感、娱乐、老年教育等方面。除此之外，还应该将自尊需求纳入其中。人是一种情感极其复杂的高等动物，不由自主地会受到周边环境的影响，同时在不同的时间段内心会发生不同的变化，要针对相关的问题进行逐一讨论。

第一，情感需求。现如今社会的发展速度极快，很多老年人希望能够得到子女、配偶和社会更多的关爱。这种情况在独生子女的家庭当中暴露得更加明显，年轻人在做好自己本职工作的同时，没有过多的精力给予老年人充足的关心与照料。久而久之，老年人的内心情感需求得不到满足，老年人的心理素质能力呈现逐步下降的趋势，长期以来将会对个人身体健康造成极大的危害。因此，老年人的情感需求跟老年人的心情之间存在直接联系，需要对老年人的情绪给予高度关注，只有这样才能够从根本上促进老年人身心健康发展。

第二，人际交往方面。人不可能脱离群体单独存在，需要关爱，需要亲情，需要友情，彼此之间的互相来往在一定程度上能够促进情感的交流与沟通。这种社交的方式能够获得一定的信息，对于老年人的身心发展和心情愉悦能够产生积极的作用，同时也能够打发一些无聊的时光。因此，需要从人际交往需求方面对于城市老年人的精神需求进行着重考虑。

第三，文化娱乐需求方面。城市老年人到达一定年龄之后退休，他们有了充足的时间可以进行自由支配，参加一些社会活动和文化娱乐活动，否则生活会变得索然无味。城市老年人的退休生活一方面需要加强与社会人之间的交流与接触，另外还需要适当参加娱乐活动来充实，这对于老年人的身心健康发展能够起到较好的促进作用。

第四，求知需求方面。正所谓："活到老，学到老。"书籍是人类进步的阶梯，只有不断学习才能够给自己带来新的启发和思维的碰撞，同时学习的过程会给他们带来无穷无尽的快乐。城市的老年人需要与时俱进，不断摄入新的知识，学有所用，在积极参与社会娱乐活动的过程当中使得个人的价值有所体现，给自己一个幸福快乐的晚年生活。

第五，自我实现方面。退休的城市老年人收获了丰富的人生阅历和工作经验，对于他们自身而言这是一笔巨大的财富。现阶段我国城市老年人的平均寿命和身体素质在原有的基础之上有了很大提高，很多老年人退休了，但身体素质和工作能力依然较强，丰富的人生阅历和工作经验能够将他们个人的价值和特长充分地体现出来。在经济快速发展的时代背景下，城市的老年人需要满足自身的实际需求，同时又能够让自我价值得到完美的体现。

第 4 章　寒地住区适老化评价指标体系建构

4.1　基于住区微更新的评价指标体系建构

本书在第 3 章中建立了我国寒地城市住区适老化老年人环境需求体系，提出了住区适老化更新的空间需求、复合养老模式的服务需求和新型老年社会下的精神需求。通过对我国寒地城市老年人对当前的城市住区环境的满意度以及对住区环境的需求的分析论述，挖掘我国寒地城市住区的现状和不足。本章将第 3 章定性的需求元素转化为定量的指标体系，从功能与空间布局、交通与流线、服务与设施、绿化与景观方面，系统地建构寒地住区的适老化评价指标体系。在此基础上，通过对适老化需求和住区微更新指标的耦合计算，进一步挖掘微更新视角下寒地城市住区的适老化评价体系结构。

4.1.1　住区微更新视角下的指标选取原则

由于寒地住区微更新视角下的适老化服务及空间评价涉及功能与空间布局、交通与流线、服务与设施、绿化与景观等多方面，因此涉及诸多方面不同层次的指标，所以若要真实反映现实情况，应该选择一个多层级、多目标的评价指标体系作为决策标准和工具。其中所包含的指标项应充分考虑其所在要素系统与本课题研究所针对的寒地住区与空间评价系统的关系，并按照一定原则进行选择。

(1)系统性原则。

本书的评价体系包含 4 个不同维度的要素子系统，每个要素子系统又包含多个项目，因此构建的评价体系是一个包含多个层次的结构体系。其中作为评价体系中的子项目，每一个要素项目的变动都会使整体的指标体系随之变化，同时，每一个子项目都会对指标体系评价结果的科学性产生影响。

(2)可操作性原则。

寒地城市住区微更新评价体系的评价形式应该以定量评价为主，从而贯彻系统评价体系的可操作性原则。

(3)科学性原则。

科学性原则作为住区微更新的评价指标体系构建的基本原则，不仅要求评价体系揭示住区微更新的评价指标体系评价的本质特征，也要求其反映出住区微更新的评价指标体系的内在要求。本书采用科学的方法进行分类评价，进而用这些指标来揭示寒地住区微更新的评价指标体系发展建设过程中所存在的问题并进行改进。

(4)针对性原则。

寒地住区微更新的评价指标体系的建立还应该做到具体问题具体分析,以期达到更为精准的评价结果,从而使评价体系更加科学、可靠。

4.1.2　评价指标体系的因子识别

本书采用 SPSS 软件对数据进行降维处理,得到的 Bartlett 球形检验结果见表 4.1,由于 KMO=0.848,因此 0.8<KMO<0.9,适合进行因子分析。

表 4.1　KMO 和 Bartlett 球形检验

KMO 值		0.848
Bartlett 球形检验	近似卡方	553.582
	df	18
	Sig.	0.000

对数据进行总方差解释分析,得到表 4.2。采用主成成分分析法,由于特征根大于 1,因此结果提取了 1 个主成分(Fac1),该主成分对整体的累计方差贡献率为 55.097%,大于 50%。该结果可以认为这 1 个主要成分基本反映原有指标数据的信息,因此选取这 1 个主要成分来进行接下来的分析。

表 4.2　总方差解释

成分	初始特征值			提取载荷平方和		
	总计	方差百分比	累积/%	总计	方差百分比	累积/%
1	1.102	55.097	55.097	1.102	55.097	55.097
2	0.898	44.903	100.000			

问卷的效度为 0.848,说明问卷具有结构的效度,而且总方差的解释也说明了问卷适合因子识别,这也说明了本次设计的问卷合理。

本次问卷的信度系数(克伦巴赫系数 α)为 0.825,说明问卷信度的可靠性非常好。

4.1.3　评价指标层次分析

我国寒地城市住区适老化建设的评价体系为本研究的目标层,在此基础上,由前文的分析得到指标体系的准则层为功能与空间布局、交通与流线、服务与设施、绿化与景观和主观软性需求 4 个准则层。

1. 准则层权重计算

本书选取因子分析，对指标体系的准则层进行计算，得到准则层的权重赋值见表4.3。功能与空间布局、交通与流线、服务与设施、绿化与景观这4个准则层涵盖了硬件设施与软件设施，精神需求与物质需求，较为全面地反映了我国寒地城市住区适老化建设的评价体系建设需求。功能与空间布局的权重因子为0.081 7、交通与流线的权重因子为0.125 7、服务与设施权重因子为0.029 6、绿化与景观权重因子为0.231 0。服务与设施的权重因子在4个准则层中是最低的，绿化与景观的权重因子在4个准则层中是最高的。

表4.3　准则层权重因子

目标层	准则层	权重因子
寒地城市住区适老化建设的评价体系	功能与空间布局	0.081 7
	交通与流线	0.125 7
	服务与设施	0.029 6
	绿化与景观	0.231 0

2. 层析分析法确定指标层权重

在指标层权重的确定过程中，判断矩阵中的矩阵元素值，其反映了使用者对指标层中各指标的相对重要性的判断。通常采用1～9及其倒数的标度方法对指标层中各指标进行打分。通过两两指标元素的重要性比较，分别对指标元素进行赋值，即得到判断矩阵 $\boldsymbol{S}=(u_{ij})_{p\times p}$。其中，判断矩阵中重要度定义见表4.4。本书请教专家对指标层中的元素进行评价，建立了判断矩阵。

表4.4　重要度定义表

赋值标度	含义
1	视两因素为同等重要
2	介于1和3之间
3	一个因素比另一个略重要一点
4	介于3和5之间
5	一个因素比另一个明显重要
6	介于5和7之间
7	一个因素比另一个重要很多
8	介于7和9之间
9	一个因素比另一个重要非常多
倒数	一个因素比另一个次要

4.1.4　评价指标框架的初步建立

本书建构的评价指标体系包括功能与空间布局、交通与流线、服务与设施、绿化与景观这 4 个准则层，涵盖了硬件设施与软件设施，精神需求与物质需求，较为全面地反映了我国寒地城市住区适老化建设的评价体系建设需求。功能与空间布局指标层主要包含周边城市环境、住区在城市中的空间布局、协调性、活动空间丰富性、楼体质量、楼内环境、物理环境和养老服务设施 8 个方面，交通与流线指标层主要包括内部关联、对外交通、住区内交通，服务与设施指标层主要包括休息空间、配套设施使用便利度、住区内设施、住区内管理、养老服务，绿化与景观指标层主要包括标志性、绿化率和景观。再通过进一步细分拆解各指标层的内涵与物质特性，将每一个指标层再划分到具体的数据层，如周边城市环境的数据层包括周边居民用地、周边商业用地占比、周边公共服务设施占比、周边公共绿地占比、周边房价水平、周边建筑密度、周边公共站点数量、周边道路网密度。

4.2　功能与空间布局系统性指标分析与体系建构

4.2.1　功能与空间布局评价指标体系权重分析

问卷调查在获取数据方面具有简单、直接、快速的优势。问卷调查分两步，第一步先做预调查，使用初步问卷，在得到结果之后进行初步分析，分析结果用于完善问卷；第二步再将完善后的问卷用于正式调研。这样能够确保问卷的合理性和有效性。本书的调研问卷主要设计为 3 个部分，第一部分是被调查者的个人信息，第二部分是关于空间的功能与布局关系变量的重要性主观评价，第三部分是关于空间功能与布局变量的满意度评价。本书所做的是定性定量相结合的调研。

对 1 203 份有效问卷进行初步分析，发现受访者中，男女比例接近 1 : 1，其中男性约占 48%，女性稍微多一点，约占 52%，性别比例比较均衡，消除了性别比例不均对数据分析结果的影响。按受访者的年龄分为 5 个组，55 岁以下 25%，56 ~ 65 岁占 34%（在 5 组当中占比最大），66 ~ 75 岁占 27%，76 ~ 86 岁占 8%，86 岁以上的受访者占 6%。受访者中与配偶生活在一起的人数占到 65%，其他为独居。从接受教育程度来看，高中及以上学历占 43%，其中 6% 是本科及以上学历。从退休收入方面的统计数据看，退休金在 2 000 元以下的受访者占 28%，退休金在 2 000 ~ 3 000元的受访者占 31%，退休金在 3 001 ~ 4 000 元的受访者占总人数的 12%，退休金在 4 001 ~ 5 000 元的受访者占总人数的 10%，而退休金为 5 001 ~ 8 000 元的受访者占 10%，退休金高于 8 000 元的老年人占总人数的 9%。

对 1 203 份有效问卷进行分析，得到“功能与空间布局”的权重，见表 4.5。指标层中养老服务设施的权重最高,权重值为0.308,周边城市环境的权重最低,权重值为0.057。养老服务设施的数据层中选址的权重最高,权重值为0.5,空间丰富性权重最低,权重值为0.2;周边城市环境的数据层中周边公共服务设施占比权重最高,权重值为0.75,周边公共绿地占比权重最低,权重值为0.25。周边城市环境系统性在一定程度上影响了老年人的生活便利性。由于身体机能和身体素质的原因,老年人的出行范围受到一定限制。因此,居住区周边环境,如医疗、商业、养老服务、娱乐服务等城市公共设施的分布,交通站点的密度,以及住区周边的交通分布,对老年人的便利性和安全性都有很大的影响。小区完善的系统性周边环境应与小区内部配套设施相融合,形成分层联动、复合融合,建立便捷、通达、综合的环境体系。本书将老年人的居住环境需求与评价指标相结合,结合生活圈居住区的相关指标,构建便捷可及的系统性养老服务网络是可行的。

表4.5 “功能与空间布局”的权重

准则层	CR	指标层	权重	CR	数据层	权重
功能与空间布局	0.087	周边城市环境	0.057	0.000	周边公共服务设施占比	0.75
					周边公共绿地占比	0.25
		协调性	0.104	0.000	住区内楼体、地面铺装、绿化与设施等色彩统计与评价	1
		活动空间丰富性	0.171	0.000	针对不同气候季节的活动空间安排	0.5
					躲避雨雪风便利度	0.5
		绿化空间	0.109	0.000	多季节绿化	1
		休息空间	0.148	0.000	材质	0.25
					使用便利度	0.75
		楼内环境	0.104	0.012	楼梯形式	0.048
					电梯满意度	0.343
					墙面清洁、平整度	0.197
					休息平台	0.234
					景观	0.177
		养老服务设施	0.308	0.025	空间丰富性	0.2
					服务类别	0.3
					选址	0.5

4.2.2　功能与空间布局评价指标体系

结合以上对住区建成年代的划分研究，将住区分为老旧住区和新建住区两类。基础指标为我国寒地城市区域内适老化建设应满足的基础标准，是满足老年人群对生活的环境适老化需求的基础（表 4.6）。

表 4.6　功能与空间布局的“基础指标”构成

准则层	指标层	数据层	达标要求	
			老旧住区	新建住区
功能与空间布局	协调性	位置的协调性	不强制要求	楼房在住区内位置适宜
	活动空间丰富性	各类室外活动场地类别	增设步行距离适宜的可供老年人活动的安全室外活动场地	有多种室外活动场地，且步行可达距离适宜
		使用便利度	方便老年人使用	方便老年人使用
		地面平整度	活动场地地面尽量平整	活动场地地面尽量平整
	楼体质量	建筑质量	安全加固	满足建筑质量要求
		楼内布置	不强制要求	布局保障室内光照、朝向等
	楼内环境	楼梯形式	便于使用，梯段高度适宜，楼梯有扶手	便于使用，梯段高度适宜，楼梯有扶手
		电梯满意度	加设电梯	满足规范，2 部以上电梯
		照明率	满足老年人使用需求	满足老年人使用需求
		地面清洁、平整度	平整、洁净	平整、洁净
		通风	较好的通风条件	较好的通风条件
		休息平台	设置扶手，符合规范	设置扶手，符合规范
	物理环境	户型多样性	不强制要求	满足不同老年人群体的户型需求
		适老化改建可行性	不强制要求	设计时考虑后续的适老化改建
		户内适老化程度		

续表 4.6

准则层	指标层	数据层	达标要求	
			老旧住区	新建住区
功能与空间布局	物理环境	门窗质量及使用便利度	满足保温及密封要求	满足保温及密封要求,开关使用便利
		声环境	满足居住区室内声环境规范要求	满足居住区室内声环境规范要求
		阳光	满足日间光照要求	满足日间光照要求
		温湿度	满足建筑室内热工环境要求	满足建筑室内热工环境要求
		电线、下水等基础设施	改建满足使用需求	质量保障
	养老服务设施	空间丰富性	不强制要求	空间丰富
		服务类别	满足老年人的需求	满足老年人的需求
		选址	选址合理	选址合理

功能与空间布局对指标层 6 个项目进行分类,数据层的 23 个项目类别分别提出了针对老旧住区和新建住区的达标要求,其中“协调性”下的指标 1 项,“活动空间丰富性”下的指标 3 项,“楼体质量”下的指标 2 项,“楼内环境”下的指标 6 项,“物理环境”下的指标 8 项,“养老服务设施”下的指标 3 项。

在实际情况中,被筛除的指标并不是没有意义的,有些指标在前人的研究及专家意见中,占有较高的位置。在实地调研中,这些指标计算结果较低可能原因在于,在受访者心中,此类指标并不是最重要的基本诉求,或者问卷结果统计中的差异性较大,老年人群体中对该类指标的评价不一。

在本章节中,筛选此类指标作为寒地城市住区适老化建设评价体系的扩展项目,即“优化指标”。“优化指标”作为“基础指标”的外延,完善了我国寒地住区的适老化评价指标类别,并且为我国寒地住区适老化建设的特殊情况案例提供评价依据。例如,建设目标为超高档适老化住区时,如果只是根据基础指标满足老年人群对住区环境适老化需求的基本需求,就无法达到“高档”程度,此时,“优化指标”就成为了重要的建设依据,见表 4.7。

表 4.7　功能与空间布局的“优化指标”构成

准则层	指标层	数据层	达标要求	
			老旧住区	新建住区
功能与空间布局	周边城市环境	周边商业用地占比 周边公共绿地占比 周边公交站点数量	非强制性要求	符合《城市居住区规划设计标准》(GB 50180—2018)
	住区在城市中的空间布局	与社区服务的距离 与市政公园的距离 与行政管理及其他的距离		
	协调性	住区的围合度	非强制性要求	适当围合
		住区内楼体、地面铺装、绿化与设施等色彩统计与评价	具有一定的协调性	满足居民的审美要求,具有协调统一性
	绿化空间	多季节绿化	适当增加各季绿化水平	考虑不同的季节进行室外绿化的交叉搭配,高绿化率
	楼体质量	高度	非强制性要求	以多层为主
		楼房形式	非强制性要求	美观有辨识度
		景观	窗外景观丰富	窗外景观丰富
	养老服务设施	空间丰富性	非强制性要求	空间丰富
		服务类别	满足老年人的需求	满足老年人的需求
		选址	选址合理	选址合理

4.2.3　功能与空间布局指标体系的评价

利用功能与空间布局指标体系,对老旧住区与新建住区进行打分,见表 4.8。结果发现老旧住区的“周边城市环境”指标分数为 71.352,高于新建住区的 67.245。对“协调性”的指标评价发现,老旧住区的得分略高于新建住区,分别为 69.546 和 67.214。而“活动空间丰富性”“物理环境”和“养老服务设施”指标的得分分析结果,均是新建住区好于老旧住区。其中,新建住区“绿化空间”和“楼内环境”的得分远高于老旧住区。

表 4.8 “功能与空间布局”的指标体系构建

准则层	指标层	老旧住区	新建住区	居家养老	社区养老	机构养老
功能与空间布局	周边城市环境	71.352	67.245	64.324	68.342	74.351
	协调性	69.546	67.214	54.234	60.142	70.134
	活动空间丰富性	67.235	69.541	63.012	64.132	69.324
	绿化空间	60.245	70.214	59.132	62.130	73.137
	休息空间	58.245	65.124	64.234	65.445	68.245
	物理环境	50.242	71.242	60.124	61.234	71.210
	养老服务设施	65.457	70.245	63.214	62.214	75.362

以上结果说明新建住区在“功能与空间布局”方面整体存在优势。而老旧住区通常位于城市中心区域，因此老旧住区在“周边城市环境”的评价方面存在优势，与此同时，地理位置的优势也使得老旧住区在“活动空间丰富性”指标方面的得分较好。寒地城市老旧住区在物理环境、养老服务设施等方面存在明显不足。指标体系的结果可以指导老旧住区的更新建设，比如在老旧住区改造中，应首先关注对老旧住区物理环境和养老服务设施的改善。

在对三类养老模式的评价得分中发现，机构养老模式下的“养老服务设施”得分最高，为75.362，远高于居家养老和社区养老模式的评价得分。这一结果再次验证了本书建立的评价体系的准确性。整体上，居家养老模式下的评价得分普遍偏低，其次是社区养老模式的得分，指标评价最好的均是机构养老模式。这一结果表明，调研的养老机构在功能与空间布局上存在一定的优势，更符合老年人的评价标准。而老年人虽然心理上更加倾向于居家养老，但家庭空间等方面有所限制，因此我国寒地城市居家养老还需要在空间和布局方面做较大的提升。而当社区承担起一部分养老服务后，“社区养老模式”下的评价得分较“居家养老”有所提升，尤其在“协调性”评价方面。

功能与空间布局系统性微更新指标体系包括 8 个方面：周边城市环境、住区在城市中的空间布局、协调性、活动空间丰富性、楼体质量、楼内环境、物理环境、养老服务设施。由内到外、由上至下涵盖了住区功能与空间微更新的物理需求与生理需求方面。

4.3 交通与流线统筹性指标分析与体系建构

4.3.1 交通与流线评价指标体系权重分析

本节采用与“功能与空间布局”相同方法进行“交通与流线”评价指标体系权重分析。在交通与流线方面，住区内交通的权重比较高，说明住区的交通便利是影响养老的重要因素，在数据层方面，地上无车系统的权重最高，说明小区要对这个维度更加关注（表 4.9）。

表 4.9 “交通与流线”的权重体系

准则层	CR	指标层	权重	CR	数据层	权重
交通与流线	0.000	住区内交通	0.75	0.031	风雪走廊	0.062
					地上无车系统	0.413
					医疗便利度	0.264
					出行便利度	0.153
					餐饮便利度	0.107
		内部关联	0.25	0.000	组团布局模式	0.33
					组团之间的关系	0.67

交通与流线应统筹考虑不同身体条件老年人的特点。步行是老年人的主要出行方式，在规划设计步行道时应考虑老年人的特点。适当的步行距离可以增加步行的兴趣，丰富的空间可以减少老年人的疲劳感和厌倦感，同时，要合理进行高差处理、道路无障碍设计、防滑铺装等，这些都是住区内部交通的重要统筹性评价指标。在已有的研究中发现，老年人对步行环境的需求因人而异，因此住区在为老年人提供安全的步行环境的同时，要提高步行环境的丰富性，减少潜在的障碍物，为残疾老人做一些斜坡处理，宽度和坡度应满足无障碍设计规范的要求。住区车辆控制方面，减少行人与车辆的交叉流线，是提高住区老年人交通与流线统筹性安全感的重要因素。随着居民生活水平的提高，停车已成为老旧住区普遍存在的问题。优化停车位不仅可以改善老旧住区的室外环境，释放道路空间，还可以为老旧住区老年人的正常交流活动提供保障。既有道路改造方面，在设置停车位的同时，应适当结合绿地系统的配置，或根据居民的生活需要对现有的路面铺装、路面形式进行改善，为老年人的出行安全提供保障。

4.3.2 交通与流线评价指标体系

交通与流线指标对指标层 2 个项目分类，数据层的 5 个项目类别分别提出了针对老旧住区和新建住区的达标要求，其中“住区内交通”下的指标3项，“内部关联”下的指标2项（表4.10）。交通与流线的指标均为老年人满意度评价分析中较为重要的指标，因此没有交通与流线的“优化指标”。

表4.10　交通与流线的“基础指标”构成

准则层	指标层	数据层	达标要求	
			老旧住区	新建住区
交通与流线	住区内交通	无障碍步行系统	符合无障碍设计标准	符合无障碍设计标准
		无障碍设施完善度	宅前小路符合无障碍设计标准	住区内部交通无障碍连接
		路面平整度	保障地面平整度	
	内部关联	组团布局模式 组团之间的关系	符合《城市居住区规划设计标准》（GB 50180—2018）	符合《城市居住区规划设计标准》（GB 50180—2018）

4.3.3　交通与流线指标体系的评价

在对老旧住区与新建住区的评价分析中发现（表4.11），老旧住区的表现更好，其余的表现差是因为新建住区位置偏离市中心，机构养老的位置也较远。因此交通方面还需要结合市政工程来完善。

表4.11　“交通与流线”的指标体系构建

准则层	指标层	老旧住区	新建住区	居家养老	社区养老	机构养老
交通与流线	住区内交通	70.241	64.132	66.123	64.134	64.012
	内部关联	64.312	65.134	60.131	63.431	70.143

交通与流线微更新指标体系包括两方面：住区内交通和内部关联，具体数据包括无障碍设施完善度、路面平整度、无障碍步行系统、风雪走廊。这些数据层涵盖了住区内部交通与流线微更新的内外交通环境，对以上各方面仅需较小的更新就可以大幅度改善住区内老年人的出行便捷程度以及安全程度。

4.4　服务与设施社会性指标分析与体系建构

4.4.1　服务与设施评价指标体系权重分析

本节采用与功能与空间布局相同方法进行服务与设施评价指标体系权重分析。指标层方面住区内适老化设施的权重最高，说明在服务设施方面，适老化部分更为关键，其次是养老服务、休息空间，这些也较为重要，说明提供良好的养老服务和休息空间对于养老来说更为关键，而在养老服务中，养老服务专业度、养老智能化水平和养老服务网络建设完成度显得尤为重要。因此需要加强相关的设施建设和服务升级。随着老年人身体机能的下降，居住区对活动设施的需求逐渐减少，进而对医疗和居家养老的需求增加。因此在进行服务与设施社会性微更新时，不同的物质条件要求为养老设施分配功能室。基础设施强调对老年人的基本生活救助，如居民食堂、保健站等。基础设施主要配备生活救助设施和文化娱乐设施。该级别医疗设施的主要任务是发挥基本生活护理和疾病预防的作用。既有居住区这些空间的改造点应以与居住单元的保密结合为基础。这一层次的空间要求的是基础性、开放性和公共性，在满足老年人服务与设施的社会性需求的基础上，老年人可以在设施的公共空间实现基本的交流和娱乐行为，这些行为从这样的基本生活救助空间过渡到娱乐设施空间。这个水平可以满足老年人在不同生理状态下的基本需求。在对居住区的服务设施进行配置时首先要遵循规范的要求，其次应根据服务于设施的具体类别，增加安全性和完善性的考量。例如考虑在养老空间的基础上适当增加医疗服务空间和辅助护理空间。临近的医疗空间的配备可以大大缓解老年人的焦虑情绪，增加老年人的生活安全感。在养老设施的设计中，应充分考虑各年龄层和各类身体状况的老年人需求，设置更多类型的医疗保健室和康复室，在保障老年人医疗健康的同时，为老年人提供更多的休闲活动空间。休息区选址要能够提供较好的环境满足休息的需求。活动空间要采用视觉和触觉相对亲人的材料，具备良好的遮蔽风雪的性能。

表 4.12 “服务与设施”的权重体系

准则层	CR	指标层	权重	CR	数据层	权重
服务与设施	0.02	住区内设施	0.067	0.001 2	垃圾回收站点	0.5
					住区食堂	0.25
					活动室	0.25
		住区内管理	0.117	0.000	管理力度	1
		养老服务	0.189	0.01	养老服务类别	0.095
					居家照护水平	0.169
					养老智能化水平	0.181
					使用便利度	0.555
		住区内适老化设施	0.439	0.000	住区道路适老化程度	0.50
					照明率	0.50
		休息空间	0.189	0.000	休息区选址	0.25
					数量	0.25
					避雨雪风性能	0.25
					材质	0.25
					使用便利度	0.25

4.4.2 服务与设施评价指标体系

服务与设施指标在指标层有 5 个项目分类,数据层的 20 个项目类别分别提出了针对老旧住区和新建住区的达标要求,其中“休息空间”下的指标 4 项,“配套设施使用便利度”下的指标 4 项,“住区内设施”下的指标 4 项,“住区内管理” 下的指标 3 项,“养老服务”下的指标 3 项,“住区内适老化设施”下的指标 2 项(表 4.13)。

表 4.13　服务与设施的"基础指标"构成

准则层	指标层	数据层	达标要求	
			老旧住区	新建住区
服务与设施	配套设施使用便利度	日常生活便利度 医疗便利度 出行便利度 餐饮便利度	符合《城市居住区规划设计标准》(GB 50180—2018)	符合《城市居住区规划设计标准》(GB 50180—2018)
服务与设施	住区内设施	停车系统完善度	停车不占用居民使用空间	车位数量及位置满足规范要求
		住区食堂	设置独立的满足一定服务半径的住区食堂	设置独立的满足一定服务半径的住区食堂
		垃圾回收站点	回收站点使用便利且数量适宜	回收站点使用便利且数量适宜
		活动室	符合《城市居住区规划设计标准》(GB 50180—2018)	符合《城市居住区规划设计标准》(GB 50180—2018)
	住区内管理	管理力度	有住区的管理保障	有住区的管理保障
		安保力度	安全性	安全性
		与居民的互动性	及时解决居民的反馈问题	及时解决居民的反馈问题
	休息空间	休息区选址	不强制要求	具有较高的使用性
		数量	适量安置	老年人步行 10 min 距离
		避雨雪风性能	不强制要求	部分具有避雨雪风性能
		材质	温暖、结实的材料	
	养老服务	养老服务类别	提供个性化服务	提供个性化服务
		居家照护水平	提供个性化服务	提供个性化服务
		使用便利度	使用便捷	使用便捷
	住区内适老化设施	地面防滑处理	防滑路面	防滑路面
		照明率	满足居民使用需求	满足居民使用需求

在基础指标的遴选过程中，筛选与住区适老化评价相关度不高，但是在已有研究提出的在寒地住区适老化建设中具有影响和意义的指标，作为寒地城市住区适老化建设评价体系的扩展项目，服务与设施的“优化指标”见表4.14。

表4.14 服务与设施的“优化指标”构成

准则层	指标层	数据层	达标要求	
			老旧住区	新建住区
服务与设施	住区内设施	会所	非强制性要求	独立会所且配备多种室内高档活动
		住区食堂	品质提升	品质提升
		垃圾回收站点	非强制性要求	有楼内垃圾管道
		活动室	空间质量高	空间质量高
	养老服务	养老服务类别	品质提升	品质提升
		养老服务专业度	专业化程度	专业化程度
		养老智能化水平	智能化水平	智能家具等
		养老服务网络建设完成度	网络化服务	有专门网络

4.4.3 服务与设施指标体系的评价

根据表4.15中模糊评价的得分数据，老旧住区、新建住区、居家养老、社区养老和机构养老中，各项得分最高的均是机构养老，说明机构养老设施更完备、管理更规范、服务更专业，其次是新建住区，说明新建住区在适老化建设方面更靠前，社区养老、居家养老的得分居中，各有优劣，需要补足短板和缺点，老旧住区得分最低，说明需要对老旧住区进行适老化的改造升级。

表4.15 “服务与设施”的指标体系构建

准则层	指标层	老旧住区	新建住区	居家养老	社区养老	机构养老
服务与设施	住区内设施	60.154	64.231	54.325	59.235	64.781
	住区内管理	55.324	65.100	55.026	61.325	69.888
	养老服务	54.012	67.288	61.521	63.658	74.602
	配套设施使用便利度	58.165	68.051	57.001	61.000	78.021
	休息空间	57.402	60.325	61.444	63.201	75.321

4.5　绿化与景观恢复性指标分析与体系建构

4.5.1　绿化与景观评价指标体系权重分析

表 4.16 展示了绿化与景观的权重分析,其中绿化率的权重更高,为 0.667。指标层的数据分析显示老年人群更为关注的是绿化率,其次是标志性,这对于老年人群目前显得并不是很重要。针对绿化与景观恢复性指标特点,现在住区外观过于单调,住区将定期对外立面进行维护,建筑美化工程已基本完善。其次,建筑和单元入口缺乏可识别性。没有关于建筑物入口处的信息。部分居民在窗外安装防盗窗,超出楼梯范围,人在走路时有撞到头的危险。最后,安装空调机组和居民私自搭建的围栏,造成不同层次的立面。住区内设备设施的管道随机敷设在建筑立面上。小区内随处可见裸露的管道,有的甚至直接扔在地上,存在安全隐患。接受调查的住区都没有公共厕所。绿化与景观恢复性方面,寒冷地区室外风环境变化较大,仅靠建筑布局很难改善风环境,需要配合绿化。在住区内种植具有防风能力的树种,将为住区营造良好的风环境。在室外环境中,应尽可能使用透水性和半透水性材料,尽可能地给树木遮阴。

表 4.16　“绿化与景观”的权重体系

准则层	CR	指标层	权重	CR	数据层	权重
绿化与景观	0.000	绿化率	0.667	0.000	丰富度	0.667
					亲人程度	0.333
		标志性	0.333	0.000	住区标志增强地标性	0.500
					加强老人记忆	0.500

4.5.2　绿化与景观评价指标体系

绿化与景观指标在指标层有 3 个项目分类,数据层的 6 个项目类别分别提出了针对老旧住区和新建住区的达标要求,其中“标志性”下的指标 2 项,“绿化率”下的指标 2 项,“景观”下的指标 2 项(表 4.17)。

表 4.17　绿化与景观的“基础指标”构成

准则层	指标层	数据层	达标要求	
			老旧住区	新建住区
绿化与景观	标志性	住区标志 增强地标性 加强老人记忆	增强住区的标志性，便于老年人记忆	增强住区的标志性，便于老年人记忆
	绿化率	绿化占比	适当提高绿化占比	满足规范前提下，尽量提高绿化占比
		丰富度	增强观赏性且具有防风作用	增强观赏性且具有防风作用
	景观	材质 数量	便于老年人使用	便于老年人使用

在基础指标的遴选过程中，筛选与居住区适老化评价相关度不高，但是在已有研究中提出的在寒地居住区适老化建设中具有影响和意义的指标，作为寒地城市住区适老化建设评价体系的扩展项目，绿化与景观的“优化指标”见表 4.18。其中包含指标层 2 项，分别为“绿化率”和“标志性”。“优化指标”内的项目对进一步提高我国寒地住区的品质有一定的指导作用。

表 4.18　绿化与景观的“优化指标”构成

准则层	指标层	数据层	达标要求	
			老旧住区	新建住区
绿化与景观	绿化率	丰富度	类型丰富，满足较强的观赏性，种类丰富	类型丰富，满足较强的观赏性，种类丰富
		亲人程度	有一定的亲人空间	有一定的亲人空间
	标志性	住区标志增强地标性	增强标志性	增强标志性
		加强老人记忆	有利于老年人记忆的特征	有利于老年人记忆的特征

4.5.3　绿化与景观指标体系的评价方法

对绿化与景观的评价指标进行模糊评价，结果发现机构养老的评价结果更高，其次是新建住区，老旧住区的最低，这一结果主要原因是机构养老在绿化和标志性方面做得更好，新建住区的绿化设计更为科学、样式独特，所以绿化率和标志性的得分较高，老旧住区楼的高度不够，在现在城市中显现不出来，绿化也严重不足（表4.19）。

表4.19　“绿化与景观”的指标体系构建

准则层	指标层	老旧住区	新建住区	居家养老	社区养老	机构养老
绿化与景观	绿化率	50.204	61.322	56.877	57.106	68.922
	标志性	55.644	62.077	50.328	63.024	64.325

绿化与景观指标体系包括两个方面：标志性和绿化率，具体数据包括住区标志增强地标性、加强老人记忆、丰富度和亲人程度。对住区内标志性的微更新，可以增强老人尤其是记忆力出现下降的老人对所在住区的记忆，防止走失。对绿化丰富度和亲人程度的微更新，可以改善住区内绿化景观的观赏性。

4.6　室内环境康复性指标分析与体系建构

4.6.1　室内环境评价指标体系权重分析

表4.20为室内环境的权重分析，视觉感受和触觉感受两个方面都很重要，也是老年人最直观的感受，少了任何一部分，都会使老年人感到不适，因此在室内环境方面要做到面面俱到。

表4.20　“室内环境”的权重体系

准则层	CR	指标层	权重	CR	数据层	权重
室内环境	0.000	视觉感受	0.500	0.001	墙面清洁、平整度	0.3
					适老化改造可能性	0.3
					景观	0.2
					光环境	0.2
		触觉感受	0.500	0.000	供暖质量	0.25
					通风情况	0.25
					声音环境	0.25
					气味	0.25

室内环境康复性设计应该能够满足一个家庭的居住需求，更重要的是满足老年人的居住需求。老年人对室内环境的需求主要分为日常生活的生理需求和归属感、安全感的心理需求。入口要考虑到老人腿脚不便，降低入口高度和室内楼梯的设计，并增加把手，保证交通的方便顺畅。为了增加室内环境康复性功能，尤其需

要考虑老年人对卫生间、浴室和厨房的需求变化,应适当扩大面积,满足老年人全生命周期的各阶段使用需求。墙壁应采用隔音材料建造,以确保老年人入睡时处于安静的环境中。为使用轮椅的老年人预留足够的通道和空间,让老年人在使用轮椅时仍能正常做饭和通行。确保视野开阔,适当降低窗户高度。为了保证无法出行的老年人能够欣赏到公园的景色,可以在合理的范围内设置窗户高度。老年人对住房的心理需求主要是获得稳定感和安全感。因此,有必要增加老年人居住房屋的室内环境康复性,使老年人能够生活在安全可靠的环境中。老年人虽然是健康正常的人,但由于身体机能的衰退和慢性病的困扰,也需要无障碍设计来满足独立自主的需求。近年来,越来越多的老年人表现出强烈的自尊和自立欲望。将室内环境康复性理念应用到住宅设计阶段,不仅可以为老年人营造适宜的室内居住环境,还可以降低后期因需求转变而改造的成本。因此,在室内环境康复性设计中应充分考虑入口的宽度、走道的平整度和厨房操作台的高度。

4.6.2 室内环境评价指标体系

室内环境指标在指标层有 2 个项目分类,数据层的 8 个项目类别分别提出了针对老旧住区和新建住区的达标要求,其中“视觉感受”下的指标 4 项,“触觉感受”下的指标 4 项(表 4.21)。室内环境的指标均为老年人满意度评价分析中较为重要的指标,因此没有室内环境的“优化指标”。

表 4.21 室内环境的“基础指标”构成

准则层	指标层	数据层	达标要求	
			老旧住区	新建住区
室内环境	视觉感受	墙面清洁、平整度	尽量满足	尽量满足
		适老化改造可能性	尽量满足	尽量满足
		景观	带来感官上的满足	带来感官上的满足
		光环境	满足规范前提下,尽量满足老年人的需求	满足规范前提下,尽量满足老年人的需求
	触觉感受	供暖质量 通风情况 声音环境 气味	满足规范前提下,尽量满足老年人的需求	满足规范前提下,尽量满足老年人的需求

4.6.3 室内环境指标体系的评价

根据模糊评价的方法对不同建造年代的住区，以及不同养老模式下的指标体系进行评价，根据分析得分发现，在室内环境方面只有老旧住区的得分较低，其余得分较高，说明老旧住区存在房屋格局较小、建筑时长过长、隔音差等因素的影响，因此老旧住区在改造时，需要注意室内环境的改善，见表4.22。

表4.22 “室内环境”的指标体系构建

准则层	指标层	老旧住区	新建住区	居家养老	社区养老	机构养老
室内环境	视觉感受	55.321	63.502	68.352	65.356	68.355
	触觉感受	50.235	68.253	69.355	61.265	64.352

室内环境指标体系包括两个方面：视觉感受和触觉感受。对住区内室内环境的微更新改造，可以改善老年人日常呼吸空气的质量，降低和防止老年人患呼吸道疾病的风险，提高老年人生活质量；采取墙体保温等处理手段，可以在冬季大大提高室内的温度，为老年人营造更加适宜的室内环境。可以通过家具位置的摆布等，降低老年人在家中行动受阻的可能性，改善老年人住区动线的合理性。同时适宜的室内环境对老年人心理安全感的营造具有积极的作用。

4.7 微更新视角下的寒地住区适老化评价指标体系构建

4.7.1 住区适老化评价标准的确立

通过对上文的分析，在各个指标体系中选取便于进行“适老化”建设的项目，构建我国寒地住区适老化指标体系，该指标体系用于指导我国老旧住区或者新建住区的适老化建设。此外，指标的构建同时考虑到居家养老、社区养老和机构养老三类养老模式下，老年人的适老化需求，以期构建同时满足三类养老需求的复合型住区。复合养老模式不仅仅具有普通城市住区的优点，同时还具备以下5个基本特征：

第一，复合社区养老模式能够满足广大群体的需要，适应范围较广，对不同经济状况的家庭均适合。

第二，住区人群的年龄多样化，不仅能够保持社区的活跃度，同时能够有效对其年龄结构进行互相补充。

第三，住区的养老基础设施配套齐全，包含教育、医疗、商业等。需要根据住区的实际情况进行相应设计与统筹安排，保证多种配套设施的相互协调。

第四,养老服务设施的全面化、多样化,在原有的基础之上提高其便捷性和高效性,建立健全的养老服务体系。

第五,住区资源的合理化,能够促进住区资源的合理高效利用,进一步加强住区生活与城市生活之间的联系,为老年人的生活提供更多的便利,并营造一个相对轻松舒适的居住场所。

因此,本书将复合养老住区模式的适老化作为标准,在已建立的指标体系中对数据层进行筛选,构建了我国寒地住区适老化指标体系(表 4.23。)

表 4.23　住区适老化指标体系

准则层	指标层	数据层
功能与空间布局	周边城市环境	周边商业用地占比
		周边公共服务设施占比
		周边公共绿地占比
		周边建筑密度
		周边公交站点数量
		周边道路网密度
	协调性	住区的围合度
		住区内楼体、地面铺装、绿化与设施等色彩统计与评价
	活动空间丰富性	面积
		空间丰富程度
		人均使用面积
		针对不同气候、季节的活动空间位置选择
		躲避雨雪风便利度
	绿化空间	多季节绿化
	休息空间	材质
		丰富程度
		面积实用性
		使用便利度

续表 4.23

准则层	指标层	数据层
功能与空间布局	楼体质量	高度
		规模
		建造年代
		楼体外立面质量
		楼体内部质量
		辅助设施质量
		楼房形式
	楼内环境	楼梯形式
		电梯满意度
		墙面清洁、平整度
		供暖质量
		通风
		声音环境
		气味
		照明率
		休息平台
	物理环境	户型多样性
		墙面清洁、平整度
		供暖质量
		通风
		声环境
		气味
		照明率
		适老化改建可行性
		景观
	养老服务设施	空间丰富性
		使用便利度
		服务质量

续表 4.23

准则层	指标层	数据层
功能与空间布局	养老服务设施	室内环境
		专业度
		服务类别
		选址
交通与流线	住区内交通	风雪走廊
		地上无车系统
		医疗便利度
		出行便利度
		餐饮便利度
	内部关联	组团布局模式
		组团之间的关系
		会所
服务与设施	住区内设施	住区食堂
		垃圾回收站点
		活动室
		其他
	住区内管理	管理水平
		与居民的互动性
		管理力度
	养老服务	养老服务类别
		养老服务专业度
		养老智能化水平
		养老服务网络建设完成度
	住区内适老化设施	适老化种类
		适老化设施完善度
		住区道路适老化程度
		照明率

续表 4.23

准则层	指标层	数据层
绿化与景观	绿化率	丰富度
		亲人程度
	标志性	住区标志增强地标性
		加强老人记忆

4.7.2 住区微更新评价标准的确立

与表 4.23 建立的过程类似，本章节以住区的微更新为选取数据层指标的依据，结合前文的分析，构建了我国寒地城市住区微更新指标体系（表 4.24）。该指标体系用于指导我国老旧住区或者新建住区的微更新建设。此外，指标的构建也考虑到居家养老、社区养老和机构养老三类养老模式，结合住区的微更新改建，以期构建同时满足三类养老需求的复合型住区。

表 4.24 住区微更新指标体系

准则层	指标层	数据层
功能与空间布局	周边城市环境	周边商业用地占比
		周边公共绿地占比
	协调性	住区内楼体、地面铺装、绿化与设施等色彩统计与评价
	活动空间丰富性	针对不同气候、季节的活动空间位置选择
		躲避雨雪风便利度
	绿化空间	多季节绿化
	休息空间	材质
		使用便利度
	楼内环境	楼梯形式
		电梯满意度
		墙面清洁、平整度
		休息平台
	养老服务设施	空间丰富性
		服务类别
		选址

续表 4.24

准则层	指标层	数据层
交通与流线	住区内交通	风雪走廊
		地上无车系统
		医疗便利度
		出行便利度
		餐饮便利度
	内部关联	组团布局模式
		组团之间的关系
服务与设施	住区内设施	垃圾回收站点
		住区食堂
		活动室
	住区内管理	管理力度
	养老服务	养老服务类别
		养老服务专业度
		养老智能化水平
		养老服务网络建设完成度
	住区内适老化设施	住区道路适老化程度
		照明率
绿化与景观	绿化率	丰富度
		亲人程度
	标志性	住区标志增强地标性
		加强老人记忆
室内环境	视觉感受	墙面清洁、平整度
		适老化改造可能性
		景观
		照明效果及质量
		光环境
	触觉感受	供暖质量
		通风情况
		声音环境
		气味

4.7.3　耦合评价方法的选择与优化

在分别提出我国寒地城市住区适老化指标体系和微更新指标体系后，由于两个指标体系在选取数据层的标准和指标应用范围方面有一定的区别，本书结合相关文献和资料的整理，对耦合关系模型进行解读和设计，将两个指标体系进行耦合评价分析，构架微更新体系下的指标得分与适老性的指标得分耦合评价模型，将用于指导我国寒地城市住区适老化的微更新建设。

耦合度模型可以用来反映微更新与适老化耦合的程度。但是如果单纯用耦合度一个指标来分析判别则有可能得出与实际情况不相符的结论。比如住区的微更新与适老化的水平均很低时，也会出现两者的协调度很高的情况，但是这一情况的出现明显与实际需求不符。所以，要获得与实际情况更加接近的分析结果，需要建立微更新与适老化系统的耦合协调度模型。把耦合度与耦合协调度两项指标相结合，用两个维度的指标交叉反映现实情况，进而反映微更新与适老化的真实协调水平。

$$D = (C + T)^{\frac{1}{2}} \tag{4.1}$$

式中，D 代表耦合协调程度；T 代表综合协调系数，$T = \alpha U_1 + \beta U_2$，$T$ 的数值反映了两个指标体系的整体发展水平对协调度的贡献；α、β 为待定系数，默认设置各为 0.5。耦合协调程度好，代表该指标可以同时代表两个体系，反之，耦合协调程度差，说明该指标不能同时满足两个指标的要求，那么该指标将作为特异性指标进行分析。

表 4.25　耦合评价模型中耦合协调度等级划分标准

耦合协调度 D 值取值区间	协调等级	耦合协调程度
(0.0 ~ 0.1)	1	极度失调
[0.1 ~ 0.2)	2	严重失调
[0.2 ~ 0.3)	3	中度失调
[0.3 ~ 0.4)	4	轻度失调
[0.4 ~ 0.5)	5	濒临失调
[0.5 ~ 0.6)	6	勉强协调
[0.6 ~ 0.7)	7	初级协调
[0.7 ~ 0.8)	8	中级协调
[0.8 ~ 0.9)	9	良好协调
[0.9 ~ 1.0)	10	优质协调

对老旧住区的二级指标进行耦合关系模型分析,结果见表4.26。结果发现“周边城市环境”和“住区内交通”为优质协调关系。“协调性”“养老服务设施”“室内环境”和“内部关联”4个指标位中度协调关系。“活动空间丰富性”和“绿化空间”2个指标为初级协调关系。而“养老服务”和“绿化率”为中度失调关系。“休息空间”“住区内设施”和“标志性”3个指标为勉强协调。濒临失调以下的指标有5个,分别为“楼内环境”(严重失调),“养老服务”(中度失调),“绿化率”(中度失调),“住区内管理”(濒临失调)和“住区内适老化设施”(濒临失调)。耦合结果说明,除了这5个指标外,其他的住区适老化指标体系和住区微更新指标体系的耦合程度较好。

表4.26 老旧住区的适老化与微更新耦合关系

项	耦合度 C 值	协调指数 T 值	耦合协调度 D 值	协调等级	耦合协调程度
周边城市环境	1	0.99	0.995	10	优质协调
协调性	0.89	0.623	0.745	8	中级协调
活动空间丰富性	0.788	0.495	0.625	7	初级协调
绿化空间	1	0.481	0.693	7	初级协调
休息空间	0.953	0.294	0.53	6	勉强协调
楼内环境	0.817	0.028	0.151	2	严重失调
养老服务设施	0.939	0.534	0.708	8	中级协调
户内环境	0.931	0.523	0.700	8	中级协调
住区内交通	0.999	0.894	0.945	10	优质协调
内部关联	0.99	0.583	0.76	8	中级协调
住区内设施	0.955	0.363	0.589	6	勉强协调
住区的管理	0.953	0.19	0.425	5	濒临失调
养老服务	0.44	0.098	0.208	3	中度失调
住区内适老化设施	0.746	0.227	0.412	5	濒临失调
绿化率	0.309	0.204	0.251	3	中度失调
标志性	0.954	0.375	0.598	6	勉强协调

对新建住区的二级指标进行耦合关系模型分析后,得到表4.27。在耦合协调程度的分析中,“养老服务设施”为优质协调关系,“周边城市环境”“协调性”“活动空间丰富性”“楼内环境”“住区管理”和“养老服务”为良好协调关系。新建住区的适老化指标体系与微更新指标体系的耦合关系较老旧住区更好。该结果也验证

了,我国新建住区的适老化程度好于老旧住区。而老旧住区的适老化改建工作是一项改善民生的重要工程,本研究的结果将对我国寒地住区的适老化更新提供理论支持和指导。

表4.27　新建住区的适老化与微更新耦合关系

项	耦合度 C 值	协调指数 T 值	耦合协调度 D 值	协调等级	耦合协调程度
周边城市环境	0.975	0.811	0.889	9	良好协调
协调性	0.997	0.684	0.826	9	良好协调
活动空间丰富性	0.972	0.679	0.812	9	良好协调
绿化空间	0.983	0.758	0.863	9	良好协调
休息空间	0.858	0.291	0.5	5	濒临失调
楼内环境	0.961	0.776	0.864	9	良好协调
养老服务设施	0.996	0.823	0.905	10	优质协调
户内环境	0.953	0.27	0.507	6	勉强协调
住区内交通	0.294	0.226	0.258	3	中度失调
内部关联	0.908	0.254	0.48	5	濒临失调
住区内设施	0.985	0.529	0.722	8	中级协调
住区内管理	0.977	0.807	0.888	9	良好协调
养老服务	1	0.694	0.833	9	良好协调
住区内适老化设施	0.213	0.435	0.305	4	轻度失调
绿化率	0.89	0.308	0.523	6	勉强协调
标志性	0.950	0.373	0.590	6	勉强协调

此外本研究对居家养老、社区养老和机构养老三类养老模式下的适老化指标体系与微更新指标体系进行耦合关系分析,分别见表4.28,表4.29和表4.30。该研究的结果对不同养老模式主导下的住区适老化微更新建设具有指导意义,同时,通过分析耦合协调程度,可以归纳出满足三类养老模式的复合住区的适老化微更新指标,该结果将大大提高我国寒地城市住区改建的精准度。

表4.28　居家养老的适老化与微更新耦合关系

项	耦合度 C 值	协调指数 T 值	耦合协调度 D 值	协调等级	耦合协调程度
周边城市环境	0.998	0.934	0.966	10	优质协调

续表4.28

项	耦合度 C 值	协调指数 T 值	耦合协调度 D 值	协调等级	耦合协调程度
协调性	0.904	0.441	0.631	7	初级协调
活动空间丰富性	0.99	0.698	0.831	9	良好协调
绿化空间	0.994	0.503	0.707	8	中级协调
休息空间	0.605	0.486	0.542	6	勉强协调
楼内环境	0.995	0.559	0.746	8	中级协调
养老服务设施	0.96	0.633	0.78	8	中级协调
户内环境	0.887	0.678	0.775	8	中级协调
住区内交通	0.25	0.314	0.28	3	中度失调
内部关联	0.973	0.335	0.571	6	勉强协调
住区内设施	0.958	0.423	0.637	7	初级协调
住区内管理	0.985	0.6	0.769	8	中级协调
养老服务	1	0.413	0.642	7	初级协调
住区内适老化设施	1	0.686	0.828	9	良好协调
绿化率	0.266	0.278	0.272	3	中度失调
标志性	0.945	0.369	0.582	6	勉强协调

表4.29　社区养老的适老化与微更新耦合关系

项	耦合度 C 值	协调指数 T 值	耦合协调度 D 值	协调等级	耦合协调程度
周边城市环境	0.998	0.934	0.966	10	优质协调
协调性	0.904	0.441	0.631	7	初级协调
活动空间丰富性	0.99	0.698	0.831	9	良好协调
绿化空间	0.994	0.503	0.707	8	中级协调
休息空间	0.605	0.486	0.542	6	勉强协调
楼内环境	0.995	0.559	0.746	8	中级协调
养老服务设施	0.96	0.633	0.78	8	中级协调
户内环境	0.807	0.611	0.770	8	中级协调
住区内交通	0.887	0.678	0.775	8	中级协调

续表4.29

项	耦合度 C 值	协调指数 T 值	耦合协调度 D 值	协调等级	耦合协调程度
内部关联	0.25	0.314	0.28	3	中度失调
住区内设施	0.973	0.335	0.571	6	勉强协调
住区内管理	0.958	0.423	0.637	7	初级协调
养老服务	0.985	0.6	0.769	8	中级协调
住区内适老化设施	1	0.413	0.642	7	初级协调
绿化率	0.999	0.434	0.658	7	初级协调
标志性	0.266	0.278	0.272	3	中度失调

表 4.30　机构养老的适老化与微更新耦合关系

项	耦合度 C 值	协调指数 T 值	耦合协调度 D 值	协调等级	耦合协调程度
周边城市环境	0.998	0.934	0.966	10	优质协调
协调性	0.904	0.441	0.631	7	初级协调
活动空间丰富性	0.99	0.698	0.831	9	良好协调
绿化空间	0.994	0.503	0.707	8	中级协调
休息空间	0.605	0.486	0.542	6	勉强协调
楼内环境	0.995	0.559	0.746	8	中级协调
养老服务设施	0.96	0.633	0.78	8	中级协调
户内环境	0.865	0.631	0.779	8	中级协调
住区内交通	0.887	0.678	0.775	8	中级协调
内部关联	0.25	0.314	0.28	3	中度失调
住区内设施	0.973	0.335	0.571	6	勉强协调
住区内管理	0.958	0.423	0.637	7	初级协调
养老服务	0.985	0.6	0.769	8	中级协调
住区内适老化设施	1	0.413	0.642	7	初级协调
绿化率	0.999	0.434	0.658	7	初级协调
标志性	0.266	0.278	0.272	3	中度失调

4.7.4 微更新视角下的寒地住区适老化评价指标体系

(1)综合系统性原则。

老年人的日常生活主要围绕其所居住的空间展开,要同时满足居民的物质和精神双重需求。因此指标体系应涵盖物质和社会环境两方面内容。为了更加科学地反映这些要素或指标之间的包含与并列关系,要建立系统性的指标体系。

(2)独立性原则。

虽然所涉及的指标越多越全面,所能体现的问题也越多,但是还要最大程度上减少所选指标彼此干扰程度,从而更加准确地反映评价结果,即每个指标应具有独立性。

(3)实用性原则。

本研究在建立指标体系的时候应选择可以反映微改造内容和现状基本情况的指标,最大可能地反映微更新改造的效果,以便提出针对性的提升策略。

(4)从居民角度出发的原则。

本研究的指标组成应该站在老年人角度,所选择的指标应该为老年人所能理解并且能反映出他们最关心的问题,从而全面地体现老年人的意愿。

根据前文中针对二级指标的得分耦合计算结果分析,通过对比在三类养老类型中的得分耦合结果分析,将初级协调及以上设置为固定指标,其余的为差异性指标,构建寒地城市住区微更新视角下的适老性评价指标体系。其中,固定指标见表4.31,得到的差异性指标见表4.32。

表4.31 适老化与微更新耦合固定指标

指标层	数据层
周边城市环境	周边商业用地占比 周边公共服务设施占比 周边公共绿地占比 周边建筑密度 周边公交站点数量 周边道路网密度
协调性	住区的围合度 住区内楼体、地面铺装、绿化与设施等色彩统计与评价

续表4.31

指标层	数据层
活动空间丰富性	面积 空间丰富程度 人均使用面积 针对不同气候、季节的活动空间位置选择 躲避雨雪风便利度
绿化空间	多季节绿化 标志性
休息空间	材质 丰富程度 面积实用性 使用便利度
养老服务设施	空间丰富性 使用便利度 服务质量 室内环境 专业度 服务类别 选址
物理环境	户型多样性 墙面清洁、平整度 供暖质量 通风 声音环境 气味 照明率 适老化改建可行性 景观
住区内设施	会所 住区食堂 垃圾回收站点 活动室 其他

表 4.32　适老化与微更新耦合差异性指标

指标层	数据层
楼内环境	楼梯形式 电梯满意度 墙面清洁、平整度 供暖质量 通风 声音环境 气味 照明率 休息平台
住区内交通	风雪走廊 地上无车系统 医疗便利度 出行便利度 餐饮便利度
内部关联	组团布局模式 组团之间的关系
住区内管理	管理水平 与居民的互动性 管理力度
养老服务	养老服务类别 养老服务专业度 养老智能化水平 养老服务网络建设完成度
住区内适老化设施	适老化种类 适老化设施完善度 住区道路适老化程度 照明率
绿化率	丰富度 亲人程度
标志性	住区标志增强地标性 加强老人记忆

本研究按照从大到小的原则，从城市空间到社区空间再到室内空间的顺序来选择微更新指标。

城市空间的功能和环境更加注重协调性和均好性。功能覆盖得全面与否是评价其品质的重要因素之一。因此，商业、交通、街区空间以及生活配套等功能的协调性就是适老化微更新的落脚点。

住区空间层面与老年人相关性最强的是室外活动空间、休闲空间以及绿化景观。这些是老年人日常基础和使用最频繁的环境，因此空间的尺度、丰富程度、面积、可达性、标志性以及便捷性等因素在适老化微更新中需要重点考虑。

养老服务设施是住区中提供各类养老服务的主要节点。需要将空间环境因素与养老服务以及老人日常需求相结合。

室内环境在日常生活的维度与老年人的身心都有比较密切的联系。

第 5 章　寒地城市住区适老化评价模型与应用

5.1　基于微更新的住区绩效评价模型

本书的第 4 章已经基于因子分析和耦合关系模型,得到了寒地住区的适老化评价指标体系,然而指标体系中的各个指标之间的影响机制如何,各个指标如何影响住区的适老化建设,是本章需要解决的问题。本章通过模糊综合评判模型,基于第 4 章建构的寒地住区的适老化评价指标体系,建立了适用于寒地城市住区的适老化评价模型,通过对现有住区的评价验证,对评价模型进行校对和修正,最终获得对我国寒地城市适老化建设存在显著影响的核心因素,并提出相应的更新建设策略。

5.1.1　模型建立的方法选择

常用的综合评价方法包括:遗传算法、人工神经网络、模糊综合评判法以及灰色聚类评价法等。本书对常用的综合评价方法的优缺点进行分析,筛选出适合本书的综合评价方法。

模糊综合评判法是以模糊集合理论为基础发展而来的。模型的建立过程中,首先,通过分析确定构建模型的指标集合;其次,通过模糊变换原理,计算模型评价指标集合内的各个指标的权重;最后,确定各个指标的隶属度向量。隶属度向量的确定过程是将不宜定量评价的指标转化为可定量的指标的过程,也是模糊综合评判的主要优点之一。模糊综合评判适用于指标体系中存在不稳定的或者动态变化指标的情况,模糊评判的过程也是定量与定性有机结合的过程,因此其广泛适用于包含定性因素的评价领域。

灰色聚类评价法适用于研究对象中存在多个评价指标,而其中的每个评价指标的评价结果从属于不同的类别,由于从属类别的多样而无法准确划分类别的情况。灰色聚类评价法的原理是通过计算得到研究对象在不同的指标体系中的标准值,利用等级标准值构造灰色白化权函数或建构灰色关联矩阵。在得到矩阵的基础上,对各个指标进行量化处理,从而实现模型的建构。

人工神经网络模型搭建过程需要大量评价指标的相关数据来做反复的推演和校正练习,而每一个数据都会对模型结果以及之后的演化结果造成影响,因此当指标体系中涵盖过多的定性指标时,利用人工神经网络评价和遗传算法优化人工神经网络构建模型的难度大大增加。

寒地城市住区适老化建设指标体系中涉及众多指标因素，如功能与空间布局、交通与流线、服务与设施、绿化与景观、主观软性需求、社区管理、公众参与、居民健康、社区设计、居住环境、楼宇外观等评价内容。寒地城市住区适老化建设指标体系是一个具有多种因素相互影响和相互作用的复杂系统。并且，指标体系中各种因素之间的影响，及各因素对评价整体的影响程度都是未知的，而寒地城市住区适老化指标中存在着一定的模糊性和不确定性，除此之外，老年人的需求变化等因素也会对评价结果产生影响，因此本书选择模糊综合评判法作为研究手段进行综合评价。

5.1.2　评价模型的建构

1. 构建因素集

模糊综合评判的因素集建构过程是首先确定评价对象 U，针对 U 建立评价对象的因素集。如果评价对象 U 内包含 m 个评价指标，那么这个评价对象的因素集可以表示为 $U=\{U_1,U_2,U_3,\cdots,U_m\}$。在实际的模型建构过程中，根据评价因素的类别不同，可以将指标划分为不同的层次。在本书的研究中，根据前文建立的项目评价指标体系，建立了目标层、准则层、指标层，因此将因素集分为 3 层。以功能与空间布局评价为例，见表 5.1。

表 5.1　评价模型因素集

目标层 $U=\{U_1\}$	准则层	指标层
U 功能与空间布局评价	U_{11} 周边城市环境	U_{111} 周边商业用地占比
		U_{112} 周边公共服务设施占比
		U_{113} 周边公共绿地占比
		U_{114} 周边建筑密度
		U_{115} 周边公交站点数量
		U_{116} 周边道路网密度
	U_{12} 住区在城市中的空间布局	U_{121} 与周边医疗的距离
		U_{122} 与文化体育活动的距离
		U_{123} 与教育设施的距离
		U_{124} 与商业服务的距离
		U_{125} 与金融电邮的距离
		U_{126} 与社区服务的距离
		U_{127} 与市政公园的距离
		U_{128} 与行政管理及其他的距离

续表 5.1

目标层 $U=\{U_1\}$	准则层	指标层
U 功能与空间布局评价	U_{13}协调性	U_{131}住区的围合度
		U_{132}住区内楼体、地面铺装
	U_{14}活动空间丰富性	U_{141}面积
		U_{142}针对不同气候、季节的活动空间位置选择
		U_{143}空间丰富程度
		U_{144}人均使用面积
		U_{145}躲避雨雪风便利度
	U_{15}绿化空间	U_{151}多季节绿化
	U_{16}休息空间	U_{161}材质
		U_{162}丰富程度
		U_{163}面积实用性
		U_{164}使用便利度
	U_{17}楼体质量	U_{171}高度
		U_{172}规模
		U_{173}建造年代
		U_{174}楼体外立面质量
		U_{175}楼体内部质量
		U_{176}辅助设施质量
		U_{177}楼房形式
	U_{18}楼内环境	U_{181}楼梯形式
		U_{182}电梯满意度
		U_{183}墙面清洁、平整度
		U_{184}供暖质量
		U_{185}通风
		U_{186}声音环境
		U_{187}气味
		U_{188}照明率
		U_{189}休息平台

续表 5.1

目标层 $U=\{U_1\}$	准则层	指标层
U 功能与空间布局评价	U_{19}户内环境	U_{191}户型多样性
		U_{192}墙面清洁、平整度
		U_{193}供暖质量
		U_{194}通风
		U_{195}声音环境
		U_{196}气味
		U_{197}照明率
		U_{198}适老化改建可行性
		U_{199}景观
	U_{20}养老服务设施	U_{201}空间丰富性
		U_{202}使用便利度
		U_{203}服务质量
		U_{204}室内环境
		U_{205}专业度
		U_{206}服务类别
		U_{207}选址

2. 构建评价集

模糊综合评判的第二步为建立评价对象的评价集，其表达形式为 $V=\{V_1,V_2,V_3,\cdots,V_n\}$，其中 n 表示评价结果总数。本书将绩效评价结果分为"优秀、良好、一般、较差、极差"5 个等级，既评价集为 $V=\{V_1,V_2,V_3,V_4,V_5\}$ = {优秀，良好，一般，较差，极差}，为使评分更加直观便于理解，本书针对评价等级的不同分别赋予相应的分值，见表 5.2。

表 5.2　评分等级表

评分等级	优秀	良好	中等	一般	差
分数	100～81	80～61	60～41	40～21	20～0

对建立的评价集 V 中"优秀、良好、一般、较差、极差"5 个等级赋值，选取各个评价等级区间的中间值作为其对应的每个等级的标准分数，得到的评价分数集为 $M=\{90,70,50,30,10\}$。

3. 模糊综合评判因素权重向量

模糊综合评判过程中权重分析结果反映了我国寒地城市住区的适老化评价指标的重要程度。指标体系中的每个指标都有对应的权重得分，因素集的权重通常用 $W_i(i=1,2,3,\cdots,m)$ 表示，且各项权重应大于等于 0 且所有权重之和为 1，权重向量用 $\boldsymbol{W}=\{W_1,W_2,W_3,\cdots,W_m\}$ 表示。模糊综合评判的权重集合组成的模糊集合也称为权重集。在模糊综合评判的权重计算过程中，权重值的计算结果越准确，得到的评价结果越有效，因此模糊综合评判模型建构过程中的权重分析是十分重要的。

4. 进行单因素模糊综合评判

经过上述的分析步骤，建构模糊综合评判的关系矩阵。基于上一级权重向量的计算结果，首先确定各个评价指标在其评价层级中的隶属程度，对于每一个指标而言，其评价结果都是一个单因素的向量。单因素评价集可以用 R_{ij} 表示，其中 r_{ij} 表示我国寒地住区适老化评价指标；U_i 代表我国寒地住区适老化评价指标评价结果 V_i 的隶属度。其次，通过对所有计算出的单因素评价构建评价集，可以构建出我国寒地住区适老化评价对象的模糊关系矩阵。

$$\boldsymbol{R}=\begin{bmatrix} R_{1j} \\ R_{2j} \\ \vdots \\ R_{ij} \end{bmatrix}=\begin{bmatrix} r_{11} & \cdots & r_{1n} \\ \vdots & & \vdots \\ r_{m1} & \cdots & r_{mn} \end{bmatrix} \tag{5.1}$$

在式(5.1)中，指标的数量由 m 表示，n 表示的是我国寒地住区适老化评价结果的数量，而因素集和评价集的关系用矩阵 $\boldsymbol{R}$ 表示。

5. 进行多因素模糊综合评判

上述分析过程中得到的单因素模糊综合评判反映的是单个指标对评价对象的影响程度。通过对单因素模糊综合评判的合成分析，见式(5.2)，对公式中 $\boldsymbol{W}$ 与 $\boldsymbol{R}$ 间的符号表示合成算子，本书进行多因素综合评价时，选用算子的运算规则如下：

$$\boldsymbol{B}=\boldsymbol{W}\times\boldsymbol{R}=\boldsymbol{W}\times\begin{bmatrix} W_1\times\begin{bmatrix} W_{11}\times R_{11} \\ W_{12}\times R_{12} \\ \vdots \\ W_{1s}\times R_{1s} \end{bmatrix} & W_2\times\begin{bmatrix} W_{21}\times R_{21} \\ W_{22}\times R_{22} \\ \vdots \\ W_{2s}\times R_{2s} \end{bmatrix} & \cdots W_k\times\begin{bmatrix} W_{k1}\times R_{k1} \\ W_{k2}\times R_{k2} \\ \vdots \\ W_{ks}\times R_{ks} \end{bmatrix} \end{bmatrix}^{\mathrm{T}} \tag{5.2}$$

其中，$k=1,2,\cdots,n$。

模糊综合评判的覆盖范围包含多个层次，最终的评价结果也是由各个层次的评价结果汇总得到的。汇总过程见式(5.3)，汇总公式中 $\boldsymbol{B}$ 代表我国寒地住区适老化评价的最终评价结果；W_i 表示我国寒地住区适老化评价体系中的第二层指标集对应的权重，其中 $i=1,2,\cdots,k$；W_{ij}和 R_{ij}分别为我国寒地住区适老化评价体系汇总的指标层对应的权重和模糊关系。

$$\boldsymbol{Y}=\boldsymbol{B}\times\boldsymbol{M}^{\mathrm{T}}=(b_1,b_2,\cdots,b_n)\times(m_1,m_2,\cdots,m_n)^{\mathrm{T}}=\sum_{i=1}^{n}b_i\times m_i \qquad (5.3)$$

6. 评价结果分析处理

为了保证我国寒地住区适老化评价体系的评价结果可信度，本书选取了等级参数评估法对模糊综合向量进行处理，分析步骤如下。

首先，对于我国寒地住区适老化评价集 V 中每个指标设立评分区间。其次，在各个评分区间中选取区间的中间值，形成完整的适用于我国寒地住区适老化评价体系评分的集合。本书中的评价分数集 $M=\{90,70,50,30,10\}$，可以得到最终的评分为 $\boldsymbol{Y}$，公式如下：

$$\boldsymbol{Y}=\boldsymbol{W}\times\boldsymbol{R}=(W_1,W_2,\cdots,W_n)\times\begin{bmatrix}r_{11} & \cdots & r_{1n}\\ r_{21} & \cdots & r_{2n}\\ \vdots & & \vdots\\ r_{m1} & \cdots & r_{mn}\end{bmatrix}=(b_1,b_2,\cdots,b_n) \qquad (5.4)$$

定性指标评价标准归纳到相对宽泛的 5 个等级中去，定量指标按照相关量化数据大小归入与定性指标一致的等级中。举例说明如下：

定量指标比如周边商业用地占比，可以按照百分比数据大小归纳到这 5 个等级中。在本书中可以直接通过对量化指标如周边商业用地占比、周边公共服务设施占比等指标的结果进行量化。

为保证模型评价的打分具有真实性，且能区分社区年份的不同，针对我国寒地城市住区适老化建设在老旧住区和新建住区之间的差异，对两类住区的居民和工作人员以及政府人员进行分别评价，表 5.3 为评价的具体指标。

准则层包括功能与空间布局、交通与流线、服务与设施、绿化与景观，主观软性需求。准则层功能与空间布局的指标层包括周边城市环境、住区在城市中的空间布局、协调性、活动空间丰富性、绿化空间、休息空间、楼体质量、楼内环境、户内环境、养老服务设施；准则层交通与流线的指标层包括住区内交通、内部关联；准则层服务与设施的指标层包括住区内设施、住区内管理、养老服务、住区内适老化设施；准则层绿化与景观的指标层包括绿化率、标志性；准则层主观软性需求的指标层包括文化活动、社会关系维护、心理感受。指标层周边城市环境的数据层包括周边商业用地占比、周边公共服务设施占比、周边公共绿地占比、周边建筑密度、周边公交站点数量、周边道路网密度；指标层住区在城市中的空间布局的数据层包括与周边医疗的距离、与文化体育活动的距离、与教育设施的距离、与商业服务的距离、与金融邮电的距离、与社区服务的距离、与市政公园的距离、与行政管理及其他的距离；指标层活动空间丰富性的数据层包括面积，空间丰富程度，人均使用面积，针对不同气候、季节的活动空间安排，躲避雨雪风便利度。

表 5.3　评分体系

准则层	指标层	数据层
功能与空间布局	周边城市环境	周边商业用地占比
		周边公共服务设施占比
		周边公共绿地占比
		周边建筑密度
		周边公交站点数量
		周边道路网密度
	住区在城市中的空间布局	与周边医疗的距离
		与文化体育活动的距离
		与教育设施的距离
		与商业服务的距离
		与金融邮电的距离
		与社区服务的距离
		与市政公园的距离
		与行政管理及其他的距离
	协调性	住区的围合度
		住区内楼体、地面铺装
	活动空间丰富性	面积
		空间丰富程度
		人均使用面积
		针对不同气候、季节的活动空间安排
		躲避雨雪风便利度
	绿化空间	多季节绿化
	休息空间	材质
		丰富程度
		面积实用性
		使用便利度

续表 5.3

准则层	指标层	数据层
功能与空间布局	楼体质量	高度
		规模
		建造年代
		楼体外立面质量
		楼体内部质量
		辅助设施质量
		楼房形式
	楼内环境	楼梯形式
		电梯
		墙面清洁平整度
		供暖质量
		通风情况
		声音环境
		气味
		照明效果及质量
		休息平台
	户内环境	户型满意度
		墙面清洁平整度
		供暖质量
		通风情况
		声音环境
		气味
		照明效果及质量
		适老化改造可能性
		景观

续表 5.3

准则层	指标层	数据层
功能与空间布局	养老服务设施	空间丰富性
		使用便利度
		服务质量
		室内环境
		专业度
		服务类别
		选址
交通与流线	住区内交通	风雪走廊
		地上无车系统
		医疗便利度
		出行便利度
		餐饮便利度
	内部关联	组团布局模式
		组团之间的关系
服务与设施	住区内设施	会所
		住区食堂
		垃圾回收站点
		活动室
		其他
	住区内管理	管理水平
		亲民程度
		管理力度
	养老服务	养老服务类别
		养老服务专业度
		养老智能化水平
		养老服务网络建设完成度
	住区内适老化设施	适老化种类
		适老化设施完善度
		住区道路适老化尺度
		照明率

续表 5.3

准则层	指标层	数据层
绿化与景观	绿化率	丰富度
		亲人程度
	标志性	住区标志增强地标性
		加强老人记忆
主观软性需求	文化活动	活动丰富性
		活动安排合理
		活动频率
		老人参与度
		活动宣传力度
	社会关系维护	与住区邻里关系
		与家人朋友聚会
	心理感受	外界干扰度
		邻里和谐程度
		安全感

5.2　不同建造年代的住区适老化评价

5.2.1　不同建造年代的住区适老化模糊评价与验证

1. 老旧住区

邀请老旧住区的居民、社区服务人员、政府部门人员以及养老企业的相关人员等人 1 479 人，对老旧住区的适老化服务及空间评价模型的各个指标进行问卷评价，收集评分数据，回收有效问卷 1 402 份。

基于问卷得到的评价数据，本书按照模糊综合评判矩阵的确定过程，得到了我国寒地城市老旧住区的适老化模糊评价矩阵。由于计算的量较大，指标较多，因此详细计算老旧住区的“周边城市环境”的指标。周边商业用地占比、周边公共服务设施占比、周边公共绿地占比、周边建筑密度、周边公交站点数量、周边道路网密度。

因素集 U_{11} = {周边商业用地占比，周边公共服务设施占比，周边公共绿地占比，周边建筑密度，周边公交站点数量，周边道路网密度}

权重集 $\boldsymbol{W}_1=[0.093\quad 0.304\quad 0.239\quad 0.092\quad 0.148\quad 0.123]$

模糊关系矩阵为

$$\boldsymbol{R}_1=\begin{bmatrix}0.303 & 0.412 & 0.199 & 0.004 & 0.082\\ 0.453 & 0.401 & 0.111 & 0.035 & 0.000\\ 0.356 & 0.456 & 0.155 & 0.026 & 0.007\\ 0.436 & 0.344 & 0.205 & 0.015 & 0.000\\ 0.311 & 0.495 & 0.114 & 0.052 & 0.028\\ 0.414 & 0.277 & 0.146 & 0.122 & 0.041\end{bmatrix}$$

随后,将计算得到的权重矩阵与模糊关系矩阵进行模糊运算,即

$$\begin{aligned}\boldsymbol{B}_1&=\boldsymbol{W}_1\times\boldsymbol{R}_1\\&=[0.093\quad 0.304\quad 0.239\quad 0.092\quad 0.148\quad 0.123]\times\\&\begin{bmatrix}0.303 & 0.412 & 0.199 & 0.004 & 0.082\\ 0.453 & 0.401 & 0.111 & 0.035 & 0.000\\ 0.356 & 0.456 & 0.155 & 0.026 & 0.007\\ 0.436 & 0.344 & 0.205 & 0.015 & 0.000\\ 0.311 & 0.495 & 0.114 & 0.052 & 0.028\\ 0.414 & 0.277 & 0.146 & 0.122 & 0.041\end{bmatrix}=\\&[0.388\quad 0.409\quad 0.143\quad 0.041\quad 0.019]\end{aligned}$$

前文确定的评分向量 $\boldsymbol{M}=\{90\quad 70\quad 50\quad 30\quad 10\}$,根据公式 $\boldsymbol{Y}_1=\boldsymbol{B}_1\times\boldsymbol{M}^{\mathrm{T}}$,周边城市环境的模糊综合评价分数为

$$\begin{aligned}\boldsymbol{Y}_1&=\boldsymbol{B}_1\times\boldsymbol{M}^{\mathrm{T}}=[0.388\quad 0.409\quad 0.143\quad 0.041\quad 0.019]\times[90\quad 70\quad 50\quad 30\quad 10]^{\mathrm{T}}\\&=72.138\end{aligned}$$

根据上文中指标评价等级分类,可确定识别阶段绩效评价为良好。按照以上计算方法对其余各阶段绩效进行评价。

2. 新建住区

邀请新建住区的居民、社区服务人员、政府部门人员以及养老企业的相关人员等人 1 639 人,对新建住区的适老化服务及空间评价模型的各个指标进行问卷评价,收集评分数据,回收有效问卷 1 516 份。

本书对新建住区的评分进行分析,并建构我国寒地城市老旧住区的适老化模糊评判矩阵。详细的评判过程与上文中老旧住区的评判过程相同。

5.2.2 不同建造年代的住区适老化评价模型的分析与修正

根据模糊综合评判的方法对剩余的指标层以及准则层的模糊评价进行打分,详细得分见表 5.4,老旧住区的适老化服务及空间模糊评价的得分为 56.458,说明

老旧住区的适老化服务程度较低,存在着很多的改进空间。在准则层方面,老旧住区的功能与空间布局得分为 59.451,该部分的得分高于目标层的得分,说明老旧住区在功能与空间布局上有一定的优势;交通与流线的得分为 61.164,说明老旧住区的交通便利,老旧住区多在城市中心位置,交通便利;老旧住区的服务与设施的得分为 42.235,说明老旧住区的适老化服务程度较低,设施不全,这也是由于老旧住区的设计缺陷造成的,而且现在的改造费用庞大;老旧住区的绿化与景观设计较为老旧,老人对自己居住的小区的绿化有一定的认可,得分为 54.123;老旧住区的主观软性需求与硬性的条件无关,主要是自身的感受,老人在小区内居住时间长,感受较好,得分为 63.781。

表 5.4　老旧住区模糊评价打分

目标层		准则层		指标层	
指标	得分	指标	得分	指标	得分
适老化服务及空间	56.458	功能与空间布局	59.451	周边城市环境	72.138
				住区在城市中的空间布局	70.125
				协调性	50.162
				活动空间丰富性	45.132
				绿化空间	55.126
				休息空间	45.643
				楼体质量	44.353
				楼内环境	40.178
				户内环境	49.513
				养老服务设施	50.542
		交通与流线	64.164	住区内交通	67.421
				内部关联	55.674
		服务与设施	42.235	住区内设施	47.311
				住区内管理	43.156
				养老服务	39.036
				住区内适老化设施	41.265

续表 5.4

目标层		准则层		指标层	
指标	得分	指标	得分	指标	得分
适老化服务及空间	56.458	绿化与景观	54.123	绿化率	52.162
				标志性	55.148
		主观软性需求	63.781	文化活动	64.231
				社会关系维护	62.135
				心理感受	57.624

基于原始评价数据，根据模糊评价矩阵确定的过程，得到新建住区的适老化服务及空间的模糊评价矩阵。表 5.5 为目标层、准则层、指标层指标的得分情况。目前寒地城市的新建住区的位置并不在市中心，交通和周边的设施相对老旧住区而言较差，通过表 5.5 可以发现交通与流线、功能与空间布局中的周边城市环境、住区在城市中的空间布局等得分较老旧住区而言偏低，得分分别为 51.004、64.509、55.361。新建住区在绿化与景观、服务与设施及空间等指标上有明显的优势。

表 5.5　新建住区模糊评价打分

目标层		准则层		指标层	
指标	得分	指标	得分	指标	得分
适老化服务及空间	59.347	功能与空间布局	62.541	周边城市环境	64.509
				住区在城市中的空间布局	55.361
				协调性	60.321
				活动空间丰富性	56.652
				绿化空间	58.285
				休息空间	50.327
				楼体质量	61.820
				楼内环境	57.354
				户内环境	59.720
				养老服务设施	60.425

续表 5.5

目标层		准则层		指标层	
指标	得分	指标	得分	指标	得分
适老化服务及空间	59.347	交通与流线	51.004	住区内交通	51.101
				内部关联	48.124
		服务与设施	61.305	住区内设施	50.421
				住区内管理	58.301
				养老服务	64.328
				住区内适老化设施	59.415
		绿化与景观	55.003	绿化率	54.371
				标志性	55.456
		主观软性需求	61.576	文化活动	62.345
				社会关系维护	59.205
				心理感受	55.357

5.2.3　不同建造年代住区适老化微更新策略

老旧住区与新建住区的目标层整体得分相近，说明老旧住区和新建住区在适老化服务及空间方面均存在一定欠缺。在准则层，老旧住区的功能与空间布局、服务与设施、绿化与景观得分低于新建住区；交通与流线和主观软性需求得分高于新建住区。

在指标层，老旧住区的周边城市环境和住区在城市中的空间布局得分高于新建住区；老旧住区的协调性、活动空间丰富性、绿化空间、休息空间、楼体质量、楼内环境、户内环境、养老服务设施得分低于新建住区。图 5.1 为老旧住区与新建住区外表对比。

从图 5.2 可以看出新建住区的绿化空间、休息空间、活动空间丰富性明显优于老旧住区，因此导致老旧住区的绿化空间、休息空间、活动空间丰富性等指标层得分低于新建住区。

(a) 老旧住区外表(1)　　(b) 新建住区外表(1)

(c) 老旧住区外表(2)　　(d) 新建住区外表(2)

图 5.1　老旧住区和新建住区外表对比

(a) 老旧住区户外空间　　(b) 新建住区户外空间

图 5.2　老旧住区和新建住区户外空间对比

如图 5.3 所示,老旧住区由于建成年代较早,居民大多为本地人,相互之间的联系较为紧密,因此在文化活动、社会关系维护、心理感受指标层的得分上高于新建住区,因此应当加强新建住区的文化氛围建设,满足老年人的主观软性需求。

将该模型运用到东北地区某小区适老化微更新的评价分析中,该小区位于东北某省城区街道,周边环境优越,交通便利,小区周边住宅建筑形态均较新,与该小区的面貌形态存在较大差异,2021 年街道办事处对该小区实施了适老化和微更新

(a) 老旧住区　　(b) 新建住区

图 5.3　老旧住区和新建住区文化活动对比

改造,改造涉及房屋 20 幢,惠及居民 893 户。该小区存在的主要问题也是重点改造的内容有:小区内适老、托幼服务设施缺失,房屋内外墙破损,屋顶漏水,单元门损坏,内外墙管线杂乱,道路破损标线不明,垃圾分类设施不完善,绿化缺损,围墙锈蚀,出入口破旧,店招杂乱,存在停车难、充电难等一系列问题,亟须进行老旧住区改造,改造前后对比如图 5.4 ~5.9 所示。本书结合寒地城市住区适老化评价模型对该小区适老化微更新改造效果进行评价与分析,根据评价模型打分结果见表 5.6。

(a) 更新前　　(b) 更新后

图 5.4　南门微更新前后对比图

(a) 更新前　　(b) 更新后

图 5.5　东门微更新前后对比图

(a) 更新前　　(b) 更新后

图 5.6　中庭公园适老化微更新前后对比图

(a) 更新前　　(b) 更新后

图 5.7　休闲廊架区域适老化微更新前后对比图

(a) 更新前　　(b) 更新后

图 5.8　口袋公园适老化微更新前后对比图

(a) 更新前　　(b) 更新后

图 5.9　长者之家和幼儿园适老化微更新前后对比图

为进一步提高群众获得感、幸福感，根据该小区老年人居住比例较高的现实需求，改造过程中，街道将小区南门一处闲置用房微更新为“长者之家”，并将智能科技云医疗、老年大学和公益组织孵化基地等多项功能融合其中，实现了住区适老化微更新的示范。街道积极参与邻里花园试点计划，将该小区南门右侧的一闲置地块微更新为邻里花园。街道借助第三方力量对该闲置地块进行重新设计，通过“微更新”项目设计方、监管方、施工方、社区书记以及居民代表的多次商讨，从安全、美观、实用、操作性、微更新等多方面进行考量，在不拓宽原有道路，不改动花坛边界的前提下，对花坛内部的绿植进行提升，同时满足居民休憩、聊天的需求，进一步优化了该小区人居环境，得到居民群众高度认可。同时，街道与相关政府部门对接联建，完成该小区内口袋公园微更新改造 3 处、中庭公园 1 处，并增设了廊架、儿童游乐区、居民休闲座椅区、环小区游步道等设施，大大满足了居民生活休闲等需求。此外结合周边环境，对小区沿街街景进行了微更新。

表 5.6　改造案例适老化微更新打分

目标层		准则层		指标层	
指标	得分	指标	得分	指标	得分
适老化服务及空间	70.165	功能与空间布局	66.517	周边城市环境	73.878
				住区在城市中的空间布局	74.352
				协调性	61.221
				活动空间丰富性	74.967
				绿化空间	56.382
				休息空间	75.319
				楼体质量	72.435
				楼内环境	62.564
				户内环境	58.586
				养老服务设施	55.499
		交通与流线	66.744	住区内交通	55.029
				内部关联	75.413
		服务与设施	74.303	住区内设施	55.689
				住区内管理	64.386
				养老服务	69.793
				住区内适老化设施	67.963
		绿化与景观	61.648	绿化率	61.188
				标志性	68.702
		主观软性需求	71.659	文化活动	59.000
				社会关系维护	75.377
				心理感受	55.418

该小区改造案例的总体得分较高，在小区适老化微更新方面取得了一定的效果。在休息空间、内部关联、社会关系维护方面分别取得了75.319、75.413、75.377的分数。通过该适老化微更新评价模型，可以有效对不同年代住区适老化微更新效果进行模拟与分析，并根据结果对模型进行负反馈调整，从而完善模型，在未来进一步指导住区的适老化微更新工作。

5.3　不同养老模式的住区适老化评价

5.3.1　不同养老模式的住区适老化模糊评价与验证

本书在数据处理方面,将设计的问卷中三类老年人群进行区分,将政府人员、社区人员剔除后,对剩余的样本进行分类,目前总体有效样本为 160 个,居家养老的人最多,有 86 人,社区养老的人有 50 人,机构养老的人数较少,为 24 人。居家养老的人群分布在老旧住区和新建住区当中,在居家养老模式下,服务与设施方面的得分和社区养老模式都低于机构养老模式下的得分。在功能与空间布局方面,机构养老模式也优于居家养老和社区养老模式,但是在交通便利程度和主观软性需求方面,居家养老和社区养老的得分要明显优于机构养老。

5.3.2　不同养老模式的住区适老化评价模型的分析与修正

1. 居家养老

居家养老的适老化服务及空间得分为48.134,处于较低水平,说明现在居家养老的小区适老化服务及空间仍然存在许多缺陷。在准则层中,交通与流线和主观软性需求的得分较高,分别为 60.745 和 66.325。居家养老的老人由于对小区内的环境更加熟悉,因此对于周边城市环境、住区在城市中的空间布局等指标有着更高的满意度,而且有家人陪伴或者能够很便捷地与家人见面,与左邻右舍的交流更加密切,因此在文化活动、社会关系维护和心理感受等主观软性需求方面的得分也相对更高,见表 5.7。由于居家养老的小区既有老旧住区也有新建住区,因此在对于住区内设施、绿化率、标志性等指标的打分上呈现一定的差异性,导致整体的得分处于中等水平。楼内环境和绿化率的得分较高,对于居家养老的老人来说,楼内环境和绿化率是经常能够感受到的地方,因此在进行适老化微更新时,应当格外注重。

表 5.7　居家养老的模糊评价打分

目标层		准则层		指标层	
指标	得分	指标	得分	指标	得分
适老化服务及空间	48.134	功能与空间布局	50.123	周边城市环境	55.323
				住区在城市中的空间布局	54.011
				协调性	56.221
				活动空间丰富性	54.562
				绿化空间	50.201
				休息空间	43.333
				楼体质量	55.001
				楼内环境	42.354
				户内环境	47.243
				养老服务设施	45.345
		交通与流线	60.745	住区内交通	45.302
				内部关联	65.332
		服务与设施	46.527	住区内设施	47.345
				住区内管理	49.333
				养老服务	56.241
				住区内适老化设施	57.111
		绿化与景观	58.325	绿化率	60.242
				标志性	57.341
		主观软性需求	66.325	文化活动	67.214
				社会关系维护	58.301
				心理感受	60.745

2. 社区养老

社区养老的适老化服务及空间得分为58.356，处于中等水平，说明现在社区养老的小区适老化服务及空间也存在一些不足之处。在准则层中，服务与设施和绿化与景观的得分较高，分别为55.241 和56.324。社区养老的老年人由于处于自己所熟悉的住区，因此对于周边城市环境、住区在城市中的空间布局、楼内环境、养老服务设施等指标有着更高的满意度，而且能够较为方便地与家人见面，与社区内其他老年人的交流可能也更加密切，因此在文化活动、社会关系维护和心理感受等主观软性需求方面的得分也相对更高。在准则层中,交通与流线和功能与空间布局的得分整体不高,分别为 53.452 和 52.034,这可能是由于住区的建成年代和规划合理程度不一,因此导致老年人在对交通与流线和功能与空间布局的评分上存在差异,导致整体的得分不高。服务与设施的指标层主要包括住区内设施、住区内管理、养老服务和住区内适老化设施,除住区内适老化设施得分为 61.014 外,其余指标得分均在 60 分以下,见表 5.8。这说明目前社区养老模式内住区的服务与设施还存在很大的缺陷。住区在城市中的空间布局和活动空间丰富性的得分较高,社区养老的老人需要经常外出,有机会接触到更多的室外环境,并且某些老年人可能需要往返于自己的居住地和住区养老设施,因此住区在城市内的空间布局是适老化微更新时应当关注的指标。

表 5.8 社区养老的模糊评价打分

目标层		准则层		指标层	
指标	得分	指标	得分	指标	得分
适老化服务及空间	58.356	功能与空间布局	52.034	周边城市环境	59.216
				住区在城市中的空间布局	73.036
				协调性	47.135
				活动空间丰富性	66.352
				绿化空间	60.321
				休息空间	45.202
				楼体质量	45.061
				楼内环境	58.124
				户内环境	49.032
				养老服务设施	52.261
		交通与流线	53.452	住区内交通	54.25
				内部关联	60.231
		服务与设施	55.241	住区内设施	45.031
				住区内管理	46.031
				养老服务	58.065
				住区内适老化设施	61.014

续表 5.8

目标层		准则层		指标层	
指标	得分	指标	得分	指标	得分
适老化服务及空间	58.356	绿化与景观	56.324	绿化率	71.981
				标志性	62.061
		主观软性需求	64.354	文化活动	69.021
				社会关系维护	54.201
				心理感受	65.021

3. 机构养老

机构养老的适老化服务及空间得分为64.125，虽然在三种养老模式中得分是最高的，但整体分数仍然处于较低水平，说明现在机构养老的小区适老化服务及空间还存在待提升空间。在准则层中，交通与流线、服务与设施、绿化与景观的得分较高，分别为60.241、69.124、63.341。养老机构通常地处环境较为优美的地区，并且在建筑上经过合理的设计，因此在周边城市环境、协调性、活动空间丰富性、绿化空间、楼内环境和养老服务设施等指标上的得分较高；同时养老机构有着相比于其他两种养老模式更加完善的服务以及住区内管理体系，见表5.9。而在主观软性需求方面，由于在养老机构中老年人能够得到全天候的照料，并且养老机构在文化活动组织方面也更加专业和便捷，因此主观软性需求的指标层文化活动、社会关系维护、心理感受得分均较高，其中文化活动的得分达到70.213。准则层交通与流线的得分为60.241，其指标层住区内交通和内部关联的得分分别为61.354和52.021。说明目前我国养老机构的内部设计方面还存在待提升空间。对于选择机构养老的老年人来说，由于一直生活在一个集体之中，因此文化活动、集体活动是机构养老老年人生活的重要组成部分，在进行机构养老适老化微更新和评价时，文化活动的相应空间、设施等应当是重点关注的指标。

表 5.9　机构养老的模糊评价打分

目标层		准则层		指标层	
指标	得分	指标	得分	指标	得分
适老化服务及空间	64.125	功能与空间布局	57.541	周边城市环境	60.213
				住区在城市中的空间布局	54.031
				协调性	59.032
				活动空间丰富性	67.259
				绿化空间	65.131
				休息空间	60.156
				楼体质量	68.321
				楼内环境	59.204
				户内环境	61.021
				养老服务设施	60.235
		交通与流线	60.241	住区内交通	61.354
				内部关联	52.021
		服务与设施	69.124	住区内设施	64.321
				住区内管理	64.054
				养老服务	65.032
				住区内适老化设施	65.401
		绿化与景观	63.341	绿化率	53.162
				标志性	61.112
		主观软性需求	65.245	文化活动	70.213
				社会关系维护	61.241
				心理感受	59.231

图 5.10 所示为某养老机构中的养老服务设施、住区内设施和住区内适老化设施。从图中可以看出目前机构养老模式拥有较好的养老设施，同时配备专业人员，可以帮助老年人进行日常锻炼、身体复健，维持老年人的身体健康。

图 5.11 所示为居家养老和社区养老常见的住区内健身设施，这些设施通常根据大部分的标准而建造，没有根据老年人特点进行适老化设计，因此在适老化程度上存在一定欠缺。此外，由于没有专门的看护人员，老年人在使用这些养老设施时，如果发生意外可能得不到及时的救治，因此在使用安全性上也存在欠缺。

机构养老模式的养老服务设施、住区内设施等均进行了较好的适老化设计，能

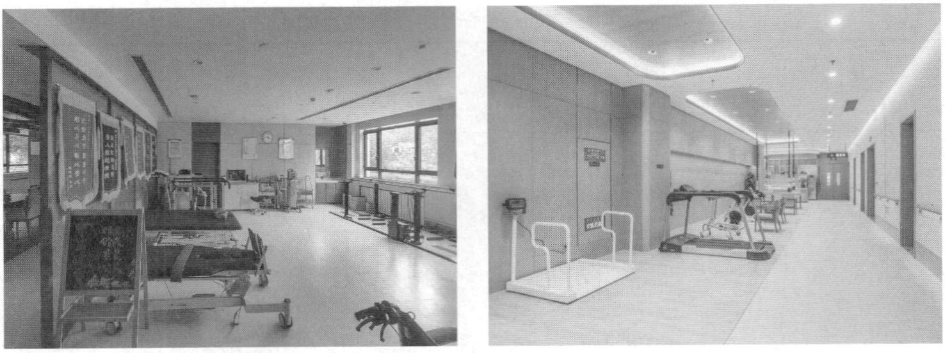

图 5.10　机构养老设施图

图 5.11　居家养老和社区养老设施图

够满足老年人的需求,而居家养老和社区养老的养老服务设施未能较好地进行适老化设计。因此机构养老在养老服务设施、住区内设施和住区内适老化设施等指标方面的得分较高。

图 5.12 所示为某养老机构的户内环境,各种家具、设施齐全,并经过了适老化设计,满足老年人的使用需求。而居家养老和社区养老的户内环境由于缺乏专业设计和适老化设计,因此在户内环境等指标方面的得分较低,机构养老在户内环境等指标方面的得分较高。

图 5.13 所示为某养老机构的护工服务,在养老机构内通常都会配备专业的护工对老年人进行照顾,包括老年人的饮食起居、居室卫生、医疗救治、日常照护等。而选择居家养老或社区养老的老年人,不可能有护工全天候照顾,因此难免出现在老年人需要帮助时无人照护的情况。因此从服务方面的指标上看,机构养老得分较高,居家养老和社区养老得分偏低。

老年人面临的不仅仅是身体机能退化、疾病困扰的问题,在精神层面同样需要被关注。老年人需要陪伴,维护社会关系,不仅仅是子女的陪伴,还包括与亲戚、朋友、邻居等人的关系维护,在社会中获得认同感和参与感。居家养老和社区养老的老年人有更多的机会接触自己的家人、朋友、邻居,如图 5.14 所示,而机构养老的

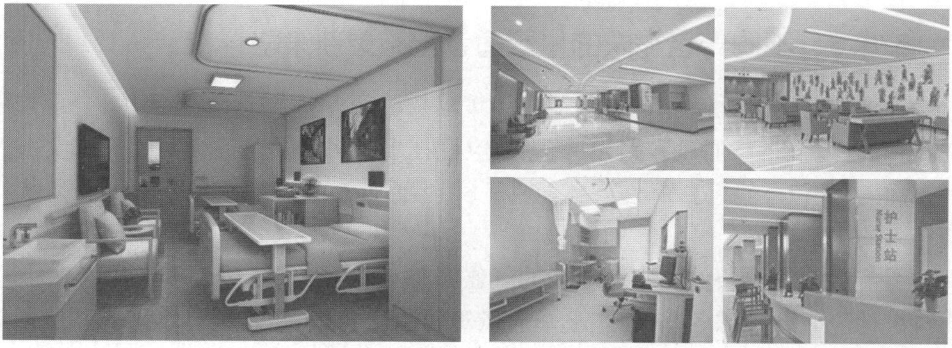

图5.12 机构养老户内环境图

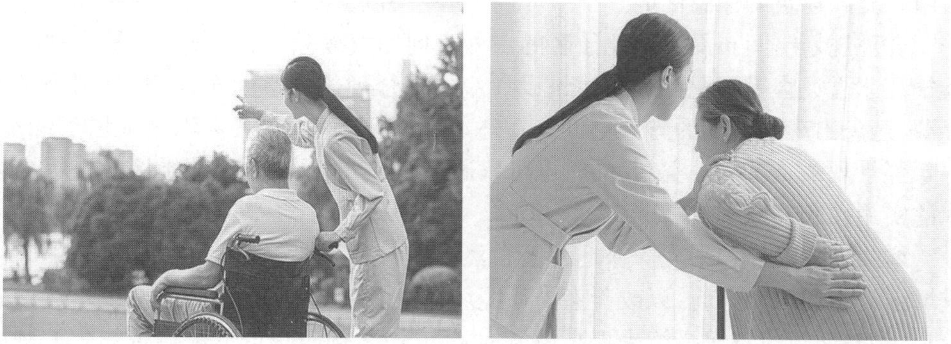

图5.13 机构养老护工服务图

老年人则在这方面存在一定欠缺。因此机构养老在社会关系维护和心理感受等指标方面的得分较低,居家养老和社区养老在社会关系维护和心理感受等指标方面的得分较高。

图5.14 居家养老和社区养老社会关系图

5.3.3 不同养老需求的住区适老化微更新策略

寒地住区适老化微更新的建筑设计策略应注重适应当地气候条件、合理规划空间布局、增强自然通风和采光、推进适应性技术应用以及关注无障碍和人文关怀等方面。只有在这些方面做好，才能真正实现寒地住区适老化微更新的目标，提高老年人的生活质量。

适应当地气候条件。寒地地区的气候条件较为特殊，冬季漫长且寒冷，因此，建筑设计应充分考虑冬季保暖、夏季通风等问题，同时还要兼顾自然采光和遮阳等因素。在适老化微更新过程中，可以采取增加保温层、安装双层玻璃、封闭阳台等措施来提高建筑的保温性能。

合理规划空间布局。寒地住区的户外空间因气候条件的影响，容易出现极寒天气和冰雪灾害等问题，因此，建筑设计应注重合理规划空间布局，充分利用土地资源，避免出现大范围的露天空间。在适老化微更新过程中，可以采取增加绿地、水景等景观来丰富户外空间，同时也可以通过增加公共设施、商业街区等来提高空间的实用性和趣味性。

增强自然通风和采光。寒地住区自然环境较为恶劣，因此在建筑设计中应注重增强自然通风和采光，以改善室内环境。在适老化微更新过程中，可以通过增加窗户、调整门窗位置等措施来提高通风和采光效果，同时也可以采用智能化控制系统来调节室内温度和湿度，提高居住舒适度。

推进适应性技术应用。例如，可以采用耐寒、抗旱的植物和生态修复技术来改善户外空间；在建筑设计中可以运用节能技术、新型材料等来提高建筑的保温性能和结构安全性；同时还可以采用智能化控制系统来调节室内环境，提高居住舒适度。

关注无障碍和人文关怀。在建筑设计中应注重无障碍设计，如增设电梯、轮椅坡道等，同时还要考虑老年人的文化背景和习惯爱好等，增加相应的文化设施和活动空间，使老年人在寒地住区中能够感受到温暖和归属感。

1. 居家养老的住区适老化微更新策略

(1) 功能与空间布局。

针对居家养老的老年人，住区及住区周边环境是满足老年人日常生活所需的重要方面，如图 5.15 所示的健身设施布局。除此以外，老年人的居室环境也尤为重要。因此针对此类养老模式，在我国寒地城市住区的适老化微更新评价指标中，户内环境、活动空间等指标是重要的评价依据。

由于活动空间是老年人日常活动中重要的社交、休闲场所，尤其对居家养老的人群而言，活动空间是老年人群保持社会交往、愉悦身心的重要场所，因此活动空

图5.15　东北某居家养老住区健身设施布局示意图

间是我国寒地城市住区适老化微更新评价指标中的重要指标之一。老年人的室外活动具有年龄渐变性、积聚性、时间规律性和地域固定性四个特点。由于老年人群体的活动形式多样，有独自活动、成组活动、群体活动之分，因此对住区的活动空间大小、丰富程度、选址、开放程度等都有不同的需求。通过对老年人不同的活动内容、聚集模式、活动场所的位置布置等项目的分析汇总，总结出我国寒地城市住区的活动空间应该满足老年人各种需求，见表5.10。

表5.10　老年人活动特点和需求

群体类型	活动空间	活动地点	活动内容
小群体	小群体活动空间	小节点	聊天、下棋、打牌
	娱乐空间	小节点	唱歌、演奏
	小群体劳作空间	小节点	种花、种果蔬
	观赏空间	小节点	水景观赏
个体	私密空间	树下	静息
	坐憩	树下廊架	休息

(2)交通与流线组织。

住区交通流线适老化微更新要考虑不同身体状况的老年人特征。在住区生活范围内，老年人主要出行方式为步行。同时，步行系统也是老年人日常休闲活动、生活活动的主要路径。在进行我国寒地城市住区的步行道规划设计时，应针对老年人的行为特征和出行特性予以考虑，充分考虑合理的高差处理、道路的无障碍设计等。寒地城市冬季的防滑、防风雪的路径设置也是寒地城市住区适老化的主要指标。步行是老年人保持健康、抵抗疾病的最主要的活动方式。在对我国寒地住区的实地调研分析中，也会发现，散步成为居民的一种主要社交方式，在散步过程中产生的社交行为、家人的互助行为都承载着老年人的精神和心理需求。因此,要为步行者构筑富有地域文化特性的步行空间,针对不同的老年人设置丰富多样的步行空间,同时,考虑步行系统与开阔活动场地、休息场地的结合布置,在开敞的活动场地周围设置一些适宜的体育健身设备,丰富老年人的步行选择,如图 5.16 所示。

图 5.16　东北某居家养老住区内花园交通与流线图

此外,系统的交通流线布置要避免人车流线的重合,这将极大地提高住区的生活安全性和生活品质。无法避免人车重合的路线,应设置明显的警示标志和限速要求。住区应加强对车辆的控制,减少行人与车辆流线的交叉。在老旧住区中,对现有道路进行改造建设,考虑停车位设置的同时,结合绿地系统的布置或者采用改变现有路面铺地形式和根据需要变化道路宽度的手段,设置安全的步行系统。路面铺装或颜色的改变,可以有效地将人车流线进行分割。此外住区内还可以采取适当设置弯道的形式来避免道路停车占用交通道路。通过合理的寒地住区微更新方法,对老年人的出行安全提供保障,如图 5.17 所示。

人行交通适老化的微更新主要体现在住宅建筑加装电梯和小区内的一些细节改造方面。加装电梯在满足设计及防火安全等规范的前提下,坚持“实用”与“美观”并重。

人行交通适老化微更新另一方面体现在小区内部细节的更新改造方面,如原有花坛的弧角处理,户外楼梯加装扶手,住宅内休息平台增设方便座椅,楼梯首级踏步贴上醒目标识等,如图 5.18 所示。

(3)服务与设施配建。

居家养老的老年人对养老服务实施的空间需求相对较低,但相应的对住区配建的服务和设施需求较高。同时,不同身体状况的老年人对居家养老服务需求也

图 5.17　寒地城市绿化停车

(a) 花坛弧角处理　(b) 户外楼梯加装扶手 (c) 休息平台增设方便座椅

图 5.18　细节改造

各有不同,随着身体状况变差,老年人对养老服务的依赖性升高。本书总结了不同身体状况的老年人对住区设施的需求,见表 5.11,对住区的服务与配建提出相应的适老化微更新建议。

表 5.11　不同身体状况对设施配建功能需求

	自理型	介助型	介护型
与住宅关系	娱乐空间和住宅紧密联系	介于两者之间	医疗空间和住宅紧密联系
娱乐空间	丰富多样	介于两者之间	较少
医疗功能	部分不足	介于两者之间	充足
环境特点	促进交往	促进生活辅助	充足专业医疗服务

兴华东里左邻右舍邻里市集是为北京大兴区兴华东里老社区建设的新的便民服务设施。兴华东里社区是原北京化纤厂的职工宿舍区,建于 20 世纪 80 年代,和那个时代建设的大量住区一样,随着时代变迁,如今社区的很多基础设施都已日渐老化,给社区百姓的生活带来了诸多不便。基于这样的现实情况,大兴区政府以老旧住区有机更新为契机,围绕“七有”“五性”补短板,从服务居民、改善民生的角度出发,建设这个便民服务设施。在功能配置上,结合社区老年居民较多的特点,主

要设置便民水果蔬菜站、洗衣店、药房、老年餐桌等便民服务内容，后续亦根据社区居民生活需求逐渐调整和完善相应的服务内容，使这里真正成为一个服务老社区的新社区中心。

新市集的场地位于整个兴华东里社区的中心区域，场地南侧是一片难得的社区中心公园，平日里不少社区的居民在这里休憩、健身、交往。场地的北侧和东西两侧是典型的20世纪七八十年代建设的板式住宅建筑，这些住宅强烈的线性空间形式也界定了整个社区行列式的空间格局。在这样一个老社区中央的区域建设一个为社区老百姓服务的新的便民服务设施，如何重新建立建筑与社区的关系，是这个设计主要考虑的内容。这个新的市集不仅仅是作为一个房子安置在这片场地上，而是可以真正成为这个社区的中心，连接这个老社区居民生活的方方面面。这里应当是一个具有居民参与感的空间场域，除了平日为居民基本生活带来便利，也可以成为大家日常交往的场所。

(4)绿化与景观设计。

绿化与景观的住区适老化微更新方面，寒地城市寒冷季节室外风环境是老年人户外活动影响较大的因素之一。规划阶段会考虑建筑布局防风，但是难以确保全部区域都能获得良好的防风效果。而一旦小区建成，就只能通过绿化和景观设计来创造良好的室外风环境。通过种植具有防风能力强的植物为组团级的室外空间营造良好的风环境；通过高大落叶乔木和灌木相结合，既能改善风环境和热环境，又能改善空气质量；高大乔木随着季节变化，会在夏天遮阳，冬季防风，因此种植高大乔木可以作为一种营造住区物理环境的重要手段，如图5.19所示。进行绿化与景观的住区适老化微更新，可以改善住区老年人的养老环境。

(5)室内环境。

室内是人类主要生活的场所，尤其是老年人群体每天在室内生活的时间很长，室内环境对人的心理、情绪、行为都有一定的影响。老年人对于室内环境的需求主要分为满足日常生活的生理需求和满足归属感和安全感的心理需求。居家养老模式下的住区适老化微更新设计应该把满足老年人的生理需求放在第一位。

老年人对于住宅的心理需求主要是需要获得归属感和安全感。因此需要对老年人定居的住宅进行适老化微更新，增加安全性能，使老人居住在安全、可靠的环境中。比如在厨房、浴室等易滑倒区域增加防滑措施，在走廊、楼梯增加扶手来减少意外摔倒，还可以在厨房增设烟雾警报和紧急呼叫按钮，保证在发生意外时老年人能够及时呼救、报警，如图5.20所示。

图 5.19　某寒地城市小区绿化与景观设计

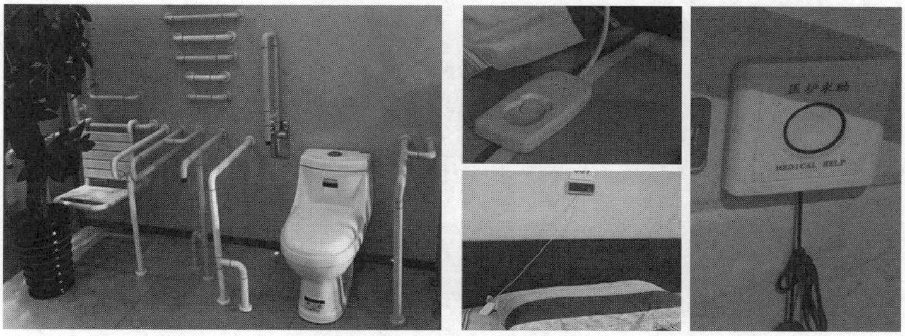

图 5.20　寒地城市某小区室内防滑和紧急呼叫设计

以东北某典型家庭为例,家中有两位老人独自居住,子孙后代未在身边照料,平日主要依靠社区和邻居帮扶,是典型的居家养老模式。居家养老模式是中国养老模式的基础,也是最常见的一种养老模式。这种模式虽然能够满足老年人在家养老的意愿,但是在日常生活中却存在需要不能满足的问题。目前室内环境设计主要是针对拥有正常身体机能的年轻人,而老年人身体机能退化,这样的环境不能满足老年人居家养老的需求。尤其是在老旧住区中,相关设施还存在老化损坏的风险。其次,老年人居家养老的无障碍环境缺失,这一问题在老旧住区更加明显,传统的五层住宅楼老旧住区对于老年人居家养老存在普遍的上下楼不便等问题。对该房屋进行无障碍微更新,如图 5.21 ~ 5.25 所示。

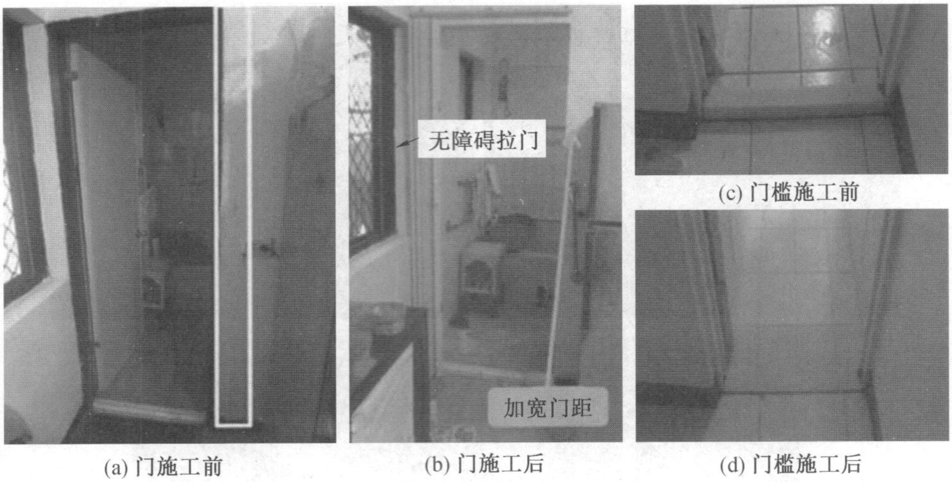

(a) 门施工前　(b) 门施工后　(c) 门槛施工前　(d) 门槛施工后

图 5.21　居家养老环境中对门的无障碍微更新

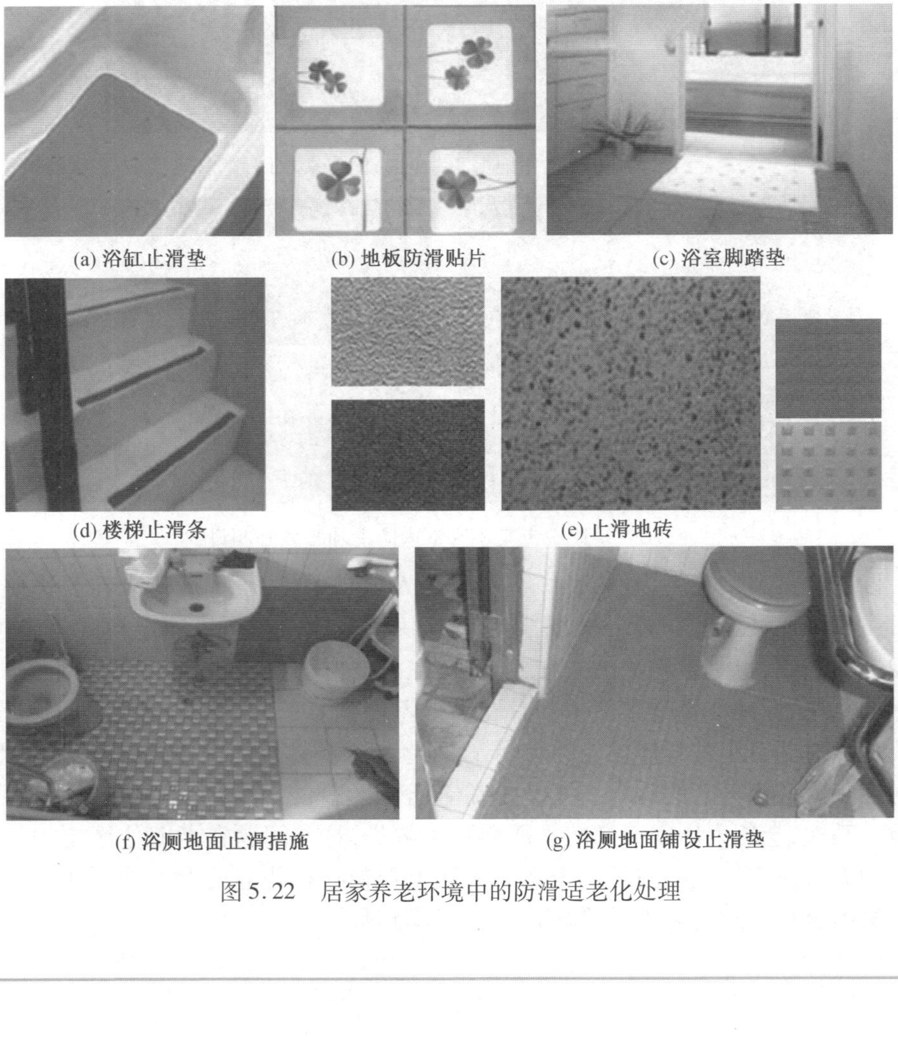

(a) 浴缸止滑垫　(b) 地板防滑贴片　(c) 浴室脚踏垫

(d) 楼梯止滑条　(e) 止滑地砖

(f) 浴厕地面止滑措施　(g) 浴厕地面铺设止滑垫

图 5.22　居家养老环境中的防滑适老化处理

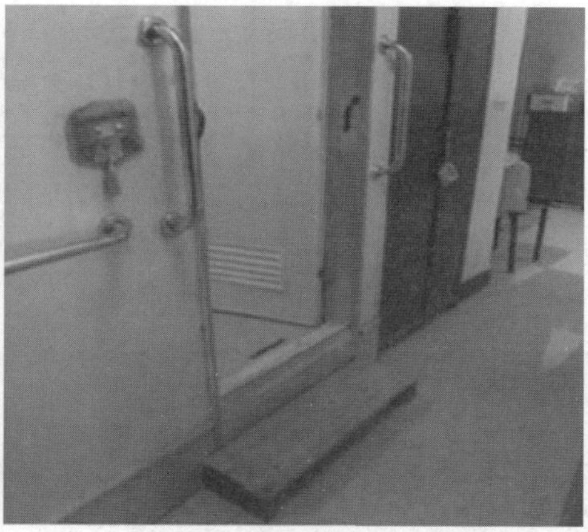

(a) 出入口（大门）门边扶手　　(b) 出入口（浴厕）门边扶手

图 5.23　居家养老环境中对门的适老化微更新

(a) 大门前斜坡板

(b) 浴厕前踏板

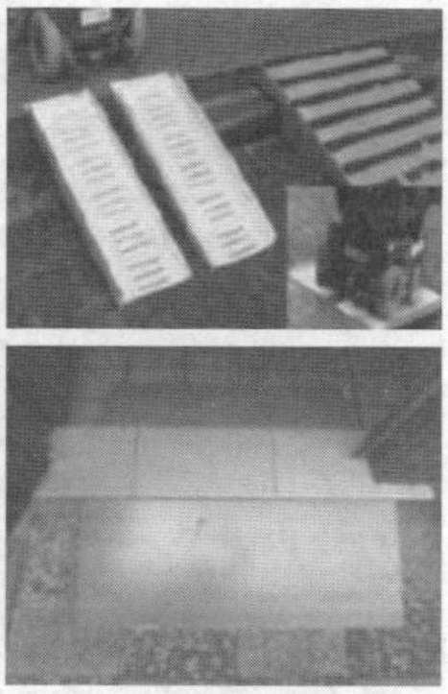

(c) 轮椅用斜坡

(d) 大门前斜坡道施工前

(e) 大门前斜坡道施工后

图 5.24　居家养老环境中对斜坡的适老化微更新

(f) 阳台前斜坡板

斜坡板表面与底部应具目测效果，
以防使用者通行时滑动造成滑倒。

两端平台高低差	20 cm以下	5 cm以下	3 cm以下	以不得超过1/12为主
参考坡底	1/10	1/5	1/2	

续图 5.24

(a) 施工前　　(b) 施工后

图 5.25　居家养老环境中对洗浴设施的适老化微更新

本书结合寒地城市住区适老化评价模型对该居家养老环境微更新改造效果进行评价与分析，打分结果见表 5.12。

为满足老年人居家养老的需求，该案例主人对家中环境进行了适老化微更新。在居家养老环境中，门宽过窄不利附轮式辅具进出。出入口尽量不设门槛，门槛高低差容易绊倒进出者，也不利辅具进出。居家养老老人发生的意外中，意外跌倒居首位，其中，以浴厕、楼梯是最常发生的地点。出入口处若有过高的门槛不便跨越，可在门边加装扶手，以利于老年人跨越时可抓握施力。60 cm 以上的连续扶手多半是加装在走廊、楼梯等距离较长等处。浴厕内淋浴处、浴缸上方也可加装使用。出入口门槛过高，可用扶手加强施力点外，也可装设斜坡板，方便跨越外，也能有利于助行辅具同行，常见加装在大门口与浴厕。斜坡板表面与底部应具止滑效果，以防使用者通行时滑动造成滑倒。过高或过多楼层、通道过窄等楼梯容易造成使用者跌倒与不利辅具通行,因此可剔除楼梯铺平做斜坡道,方便通行。走道上加装扶手可让老年人在行走、移位时有支撑的地方,减少跌倒的发生。浴缸上方加装扶手可让老年人在沐浴前后、进出浴缸时有支撑的地方,减少因跌倒而发生溺毙的情况。依浴厕地砖(瓷砖)的不同,会使用不同的止滑措施,如止滑贴片、止滑瓷砖。传统扭转式水龙头对于精细动作较差者较有不便,建议改拔杆式或感应式水龙头,方便开关。通过进行适老化微更新,为老年人提供了适宜的居家养老环境。

表 5.12 改造案例适老化微更新打分

目标层		准则层		指标层	
小区	得分	指标	得分	指标	得分
该案例适老化服务及空间	63.424	功能与空间	59.796	周边城市环境	55.060
				住区在城市中的空间布局	55.009
				协调性	55.710
				活动空间丰富性	58.208
				绿化空间	55.440
				休息空间	54.331
				楼体质量	58.015
				楼内环境	69.867
				户内环境	77.546
				养老服务设施	64.509
		交通与流线	60.532	住区内交通	54.117
				内部关联	56.896
		服务与设施	58.028	住区内设施	67.759
				住区内管理	54.681
				养老服务	60.968
				住区内适老化设施	65.352
		绿化与景观	67.060	绿化率	55.245
				标志性	55.288
		主观软性需求	59.610	文化活动	58.493
				社会关系维护	56.204
				心理感受	68.481

通过本书建立的适老化微更新评价模型与该居家养老环境改造进行耦合评

价，结果如表 5.12 所示。该小区改造案例的总体得分为 63.424，在居家养老环境适老化微更新方面取得了一定的效果。在户内环境、养老服务设施、住区内设施、心理感受方面分别取得了 77.546、64.509、67.759、68.481 的分数。通过该适老化微更新评价模型，可以有效对不同养老需求住区适老化微更新效果进行模拟与分析，并根据结果对模型进行负反馈调整，完善模型，进而在未来进一步指导不同养老需求住区的适老化和微更新工作。

2. 社区养老的住区适老化微更新策略

(1)功能与空间布局。

为了满足社区养老提供的访问、日间托管、短住三种养老服务的需要，必须保证住区内以日托中心为主，同时设立满足短住需求的住宿空间。简而言之，需要通过住区适老化微更新将日托设施与短住空间设施相结合。

长沙广厦新苑项目根据场地现状，对功能进行分区，分别是儿童活动区、老年活动室、休闲社交区、静心疗养区和富氧健身区。老年活动室是由原来的杂物房改造的，如图 5.26 所示。

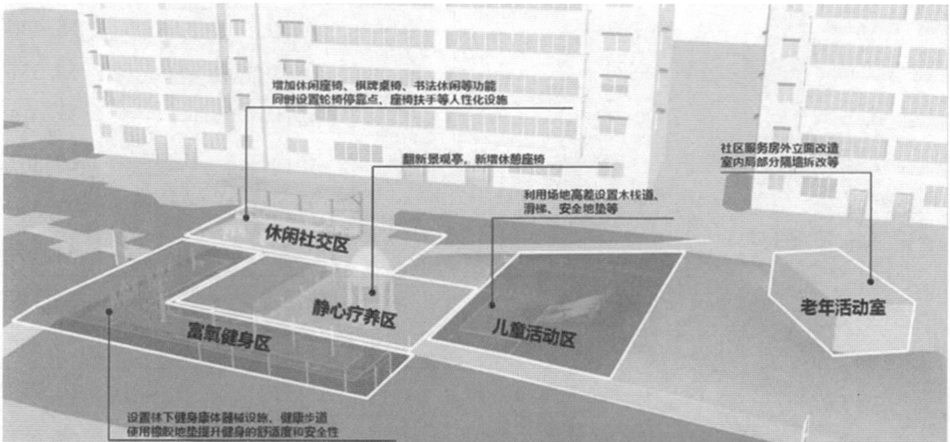

图 5.26　长沙广厦新苑功能分区

(2)交通与流线组织。

由于对于熟悉环境的依赖和对家庭成员的牵挂，老年人更倾向于选择距离自己居住地或者子女居住地更近的养老设施，而不会对郊区的养老院抱有选择意愿。这种需求催生了复合型社区养老设施，所以国内小型复合型养老设施的选址有以下特点：设施需要位于社区内交通便利、公共设施完善的位置，这能满足日托和访问型上门与接送的需要、设施内老年人享受便利的生活条件、保证及时就医。如图 5.27 所示，通过进行住区适老化微更新，日托型、访问型和短住型在交通流线相近,便于工作人员在不同类型的住区内来往,为不同养老需求的老年人提供服务。同时,社区养老的周围与花园风景区、幼儿园、商业集聚区等功能区域在交通与流线上的划分也较为合理,便于满足老年人的日常生活需求。

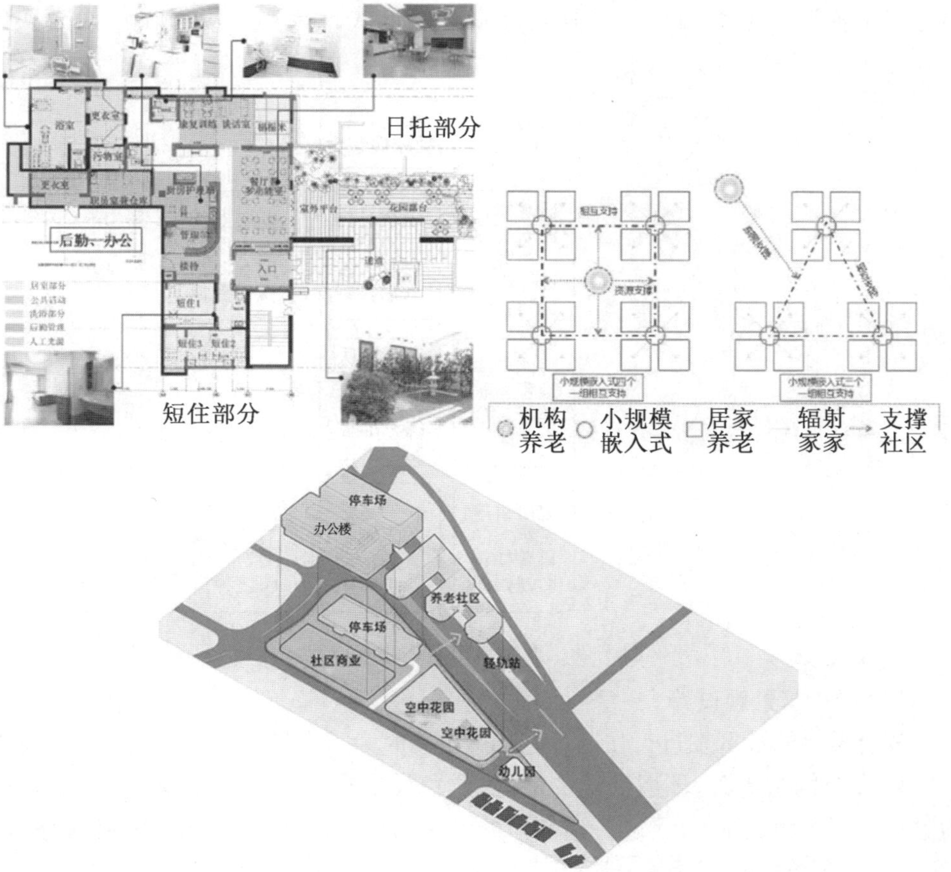

图5.27　寒地城市社区养老交通与流线组织示意图

(3)服务与设施配建。

访问型一般可以提供四类具体的生活医疗服务。一是提供日常清洗衣物、买菜做饭、打扫卫生、代购代办等家政服务。二是提供术后护理、疾病预防、帮助洗浴等专业的护理服务。三是提供陪同就医、日常监测、建立健康档案的医疗服务。四是提供陪伴聊天类的精神慰藉服务。大多数寻求上门服务的老年人都是为了解决用餐问题,所以服务中心可以提前做好送餐上门的准备。

日托设施为从早上入住设施到晚上离开设施的老年人提供全方位的服务。如图5.28所示,老年人在日托设施内可以享受吃、护、医、娱四项基本服务。其中为不同身体状态的老年人配备不同的餐饮选项,还有下午茶和绿色饮品供给。护理服务则包括日常生活照顾,如助餐助饮、助厕助浴等;专业护理,如日常体检、建立健康档案、打针吃药、药物管理、术后护理、口腔护理、褥疮护理等。就医服务集中在陪同就医、定期邀请专家坐诊、办理就医绿色通道、建设远程会诊平台解决老年人各类就医问题。此外,通过进行服务与设施配建适老化微更新,日托中心的娱乐服务利用各类兴趣活动、手工制作、健康讲座形式让老年人度过愉快而充实的一天。

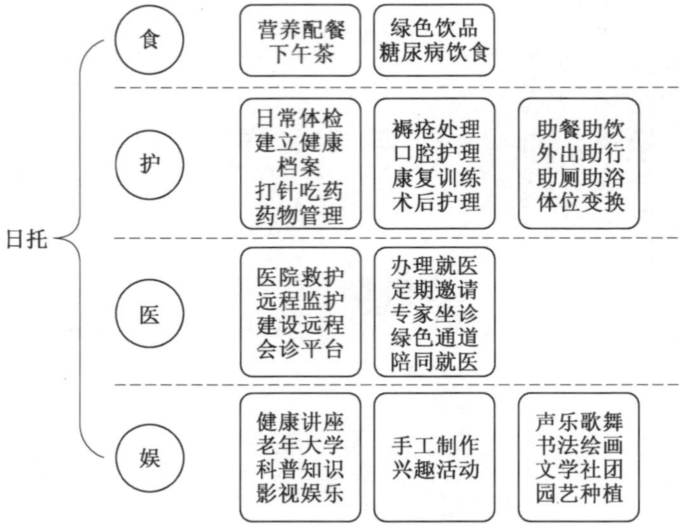

图 5.28　寒地城市日托服务内容

(4)绿化与景观设计。

复合型养老社区在进行住区适老化微更新时为了满足老年人对居住环境的要求应该选择风景优美、环境安静的地区,避免设置在噪声过大、环境污染的地区。为老年人提供绿色环境,开创舒适和谐的生活。如图 5.29 所示,植物的选择要充

图 5.29　寒地城市社区养老绿化与景观设计

分考虑针对老年人的生理和心理特点。尽量不选择具有刺激性的植物,优先选择外形色彩美观的植物,促进老年人到户外活动的积极性。在绿化与景观设计上进行有针对性的设计,通过住区适老化微更新满足不同类型的老年人对于绿化与景观的需求。

重庆万州吉祥街是个通道空间,向前连接着繁华热闹的万达金街,背后是一片老旧的半山居住区,狭窄的巷道向上连接着母城历史记忆的行署大院。旧城改造和招商运营有着很大的联系,改造可以解决一些问题,但合理的商业运营与植入,才能真正使改造过后的空间不再死寂,才会让整体空间体系变得活灵活现,才会有更多的人群参与进来。除了延续生活在这个地方的居民本身的生活文化,还要把场地本身承载着记忆的东西完整保留下来。在场地置入城市记忆,通过景观的手法,将万州吉祥街过去的记忆文化载体,演变成我们的景观墙体、景观装置等景观元素,如图5.30所示。

图5.30　重庆万州吉祥街

长沙广厦新苑在场地的一侧重新搭建了一个现代廊架，廊架的顶部覆盖了单反贴膜，这个特别的设计，减弱了屋檐下的日晒，同时在楼上的居民看不到廊架内的活动，保证了私密性。廊架下方布置了休闲座椅和棋牌桌，为老人们提供了一个下棋、打牌的休闲绿色景观环境，如图 5.31 所示。

图 5.31　长沙广厦新苑室外休闲景观

(5)室内环境。

访问型服务是以护工提供上门服务的形式开展，所以对于空间的需求集中在办公空间和接待展示空间。访问设施主要服务于来电和网络预订服务，接待来访客户，再结合宣传展示功能发挥访问最小功能核；另外根据做饭需求量大的问题，设施可以配备厨房和送餐车或者通过专业的餐饮公司制作的形式为老年人提供访问增值服务，如图 5.32 所示。

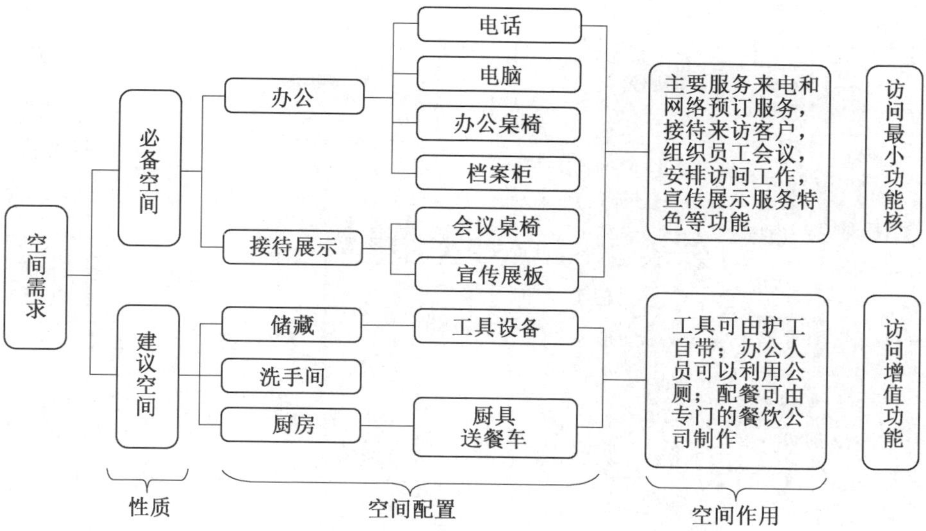

图 5.32　寒地城市访问型室内环境

3. 机构养老的住区适老化微更新策略

机构养老能为社区内老年人提供整合后的医疗资源，使老年人在养老设施享受养老服务外，还能够更便捷地在社区内设置的医疗专区就诊、检查身体、保健护理。养老设施内专门设立医疗专区进行智能化的健康管理服务或者在现存的医疗机构中设置养老专区，将两种服务进行资源整合，使老年人能享受更科学的医疗养老护理。

图 5.33 所示为某寒地城市机构养老的平面设计图，该住区坐北朝南，大门在住区的南部，整个住区是由老人房间所围成，在住区中央分布着各种功能区域，包括棋牌室、中庭、团聚室、公共起居厅、门厅、康复训练室、医疗办公室。其中中庭和团聚室以及公共起居厅呈对称分布，左右各有一个，方便居住在不同区域的老年人使用。公共浴室在该疗养型住区的东北角和西北角各设置一个，方便不同居住区域的老年人洗浴。最核心的医疗办公室和康复训练室则设置在中央位置。

(1)交通与流线组织。

机构养老内部需要考虑工作车辆给住户带来的困扰。随着年龄的增长，老年人的听觉和反应能力都有不同程度的衰退，因此，在进行住区适老化微更新时，交通安全问题需要重点考虑。要降低车辆对住区老年人的影响，最好的办法是人车分流。在靠近路的两面分别开辟车行专用入口和人行专用入口，并将停车区域设在车行入口附近，将车辆行驶路线控制在最小的范围内，尽量远离住区内卫生服务

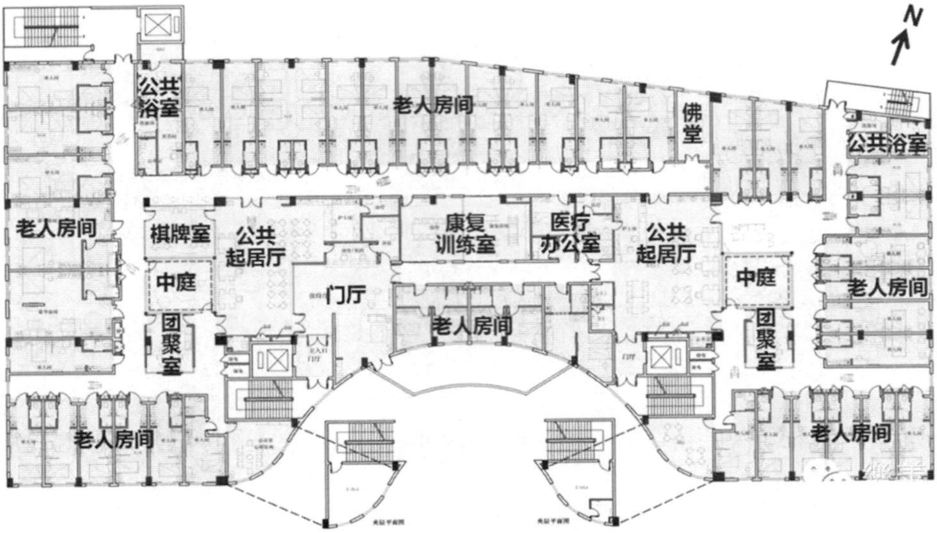

图 5.33　某寒地城市机构养老设计图

站和康复空间及室外活动休闲区，保证住区内部无车辆进出，住区内道路畅通，如图 5.34 所示。

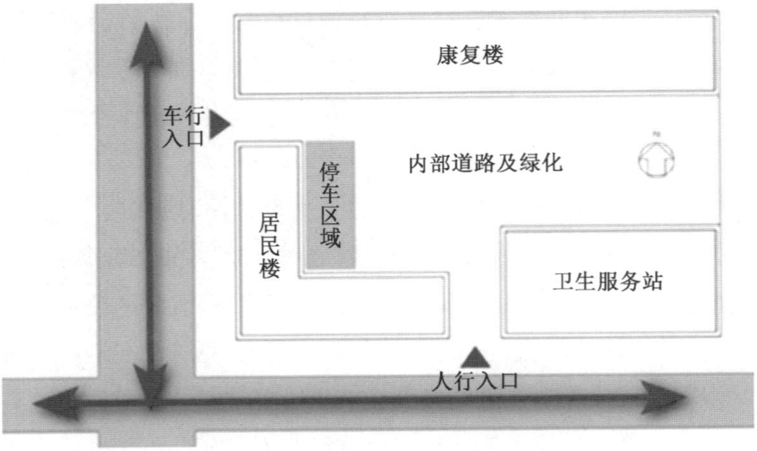

图 5.34　寒地城市机构养老交通与流线组织

(2)服务与设施配建。

机构养老的主体功能是为住区的老年人提供基础养老服务外，开设特色医疗护理，提供专业医疗服务，以此增加老年人养老生活满意度和幸福感。住区服务要把老年人日常生活空间和公共活动空间作为服务开展的重要场地，要保证这个基础功能的正常发挥还需要合理设置行政办公空间以及附属空间，如图 5.35 所示。

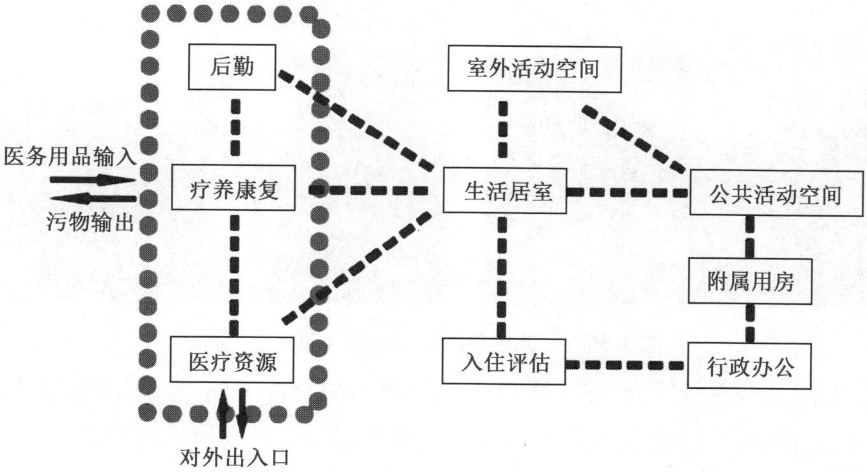

图 5.35　寒地城市室内主要设施联系

老年人在住区内的生活场所一般为室外活动空间和公共活动区间，所以在进行住区适老化微更新设计时，这两个区域如何合理规划也需要深入研究。公共活动空间与生活居室的距离设置还需要考量生活噪声的影响。

(3)绿化与景观设计。

机构养老的特色功能是为住区内老年人提供医疗康复、健康护理服务。康复护理不仅依靠专业的医疗设施和护理资源，还以生态、绿色、健康的室外景观为辅助，其中最有效的两种方法是园艺疗法和景观疗法。绿色健康的环境更能使老年人保持积极乐观的心态，帮助身体康复。园艺疗法通过鼓励老年人进行园艺操作或者亲自栽培花草达到愉悦身心、接触自然的目的，让老年人在自然的抚慰下排解压力，疏散心结，促进身心积极向上。我们可以在室外休闲活动道路附近划分园艺操作区(图 5.36)，还可以在居住建筑顶层开辟楼顶花园，加强老年人的户外运动，促进人际交往。

有的住区植物种类单一且数量不足，只简单地围绕主干道和区域内部零散种植。因此，可以在道路、广场和住宅等不同角落部署景观组团，形成从小区大门至单元楼入口的连片遮阴区；同时，根据居民的心理特征，依所在位置的不同对景观组团高度进行调整，如健身区和儿童活动区的灌木丛不宜过高，以保证家长观察儿童的视线不受阻挡。

泰康燕园的花园空间整体划分为疗养花园、运动健身、休闲交流、怡乐生产、人文关怀五大功能板块。

图 5.36　园艺区与休闲场地整合布置

疗养花园具有缓解压力、安抚情绪、恢复精神和复健心灵的作用。它会在人们感到孤独和脆弱的时候给予回应,它可以使人体能量恢复到自然平衡的状态。

可选择不同长度的健康慢跑道,可以满足不同身体状况老年人的运动需求。慢跑道周边设计多个可以随时离开跑道的通道,以满足老年人突然身体不适或临时救援的特殊要求,如图 5.37 所示。

图 5.37　泰康燕园的运动场地

休闲空间为老年人提供了不同大小、不同私密度的多种空间形式,既可以举办大型活动,又可以为私人活动或安静休息提供私密空间。老年人通过种植花卉、栽培蔬果等园艺活动接触自然,见证生命的成长,纾解压力,复健心灵。花园内的配套菜园为老年人提供了园艺活动的空间,该区域涉及了操作动态学和参与动态学的理论研究。蔬果的种植和采收活动也为老年人提供了社交的机会,不同花期的植物延长了整个花园的生长期，如图 5.38 所示。

图 5.38 休闲园艺空间

(4)室内环境。

在机构医疗空间的室内环境设计上应尽可能利用环境色彩的变化，用更加流畅显眼的标识引导老年人自主就医，增加老年人的参与感。由于现代康复医疗的主要手段是依靠机械设备，为减缓老年人在就医护理过程中的不适应，在进行住区室内环境适老化微更新时，可以在室内增加更多的自然元素，做到室内与室外环境统一、和谐，如图 5.39 所示。

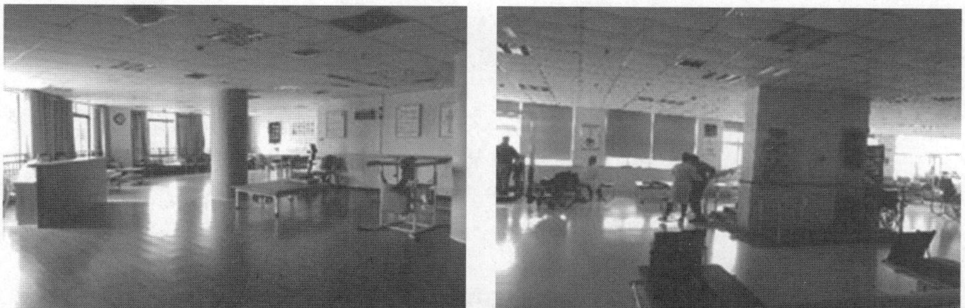

图 5.39 寒地城市某机构养老康复理疗室环境

5.4 基于需求变化的住区适老化评价

5.4.1 基于需求变化的住区适老化模糊评价与验证

我国智慧城市建设仍在发展之中，因此相关智慧服务的落实仍不完善。老年人作为社会中的弱势群体，理应受到更多关注，因此，基于以上调研，本部分提出基于智慧城市和重大公共卫生事件的住区适老化微更新矫正模型，见表 5.13。在此矫正模型中，添加了基于智慧城市和智慧服务的指标层，包括智慧医疗服务、智慧健身服务、智慧亲情维护服务、智慧生活服务。具体数据层包括智慧远程会诊平台、智慧用药提醒系统、智慧锻炼指导检测系统、室内健身设施、智慧家人沟通平台、智慧健康检测系统、智慧睡眠监测系统、智慧生活服务点单平台、智慧异常行为监测系统。

表 5.13 基于智慧城市和重大公共卫生事件的居住区适老化微更新矫正模型

准则层	指标层	数据层	达标要求	
			老旧住区	新建住区
功能与空间	周边城市环境	周边商业用地占比 周边公共服务设施占比 周边公共绿地占比 周边建筑密度 周边公交站点数量 周边道路网密度	不强制要求	满足《城市居住区规划设计标准》(GB 50180—2018)
	住区在城市中的空间布局	与周边医疗的距离 与文化体育活动的距离 与教育设施的距离 与商业服务的距离 与金融邮电的距离 与社区服务的距离 与市政公园的距离 与行政管理及其他的距离	不强制要求	满足《城市居住区规划设计标准》(GB 50180—2018)

续表 5.13

准则层	指标层	数据层	达标要求	
			老旧住区	新建住区
功能与空间	协调性	住区的围合度	不强制要求	适当围合
		住区内楼体、地面铺装、绿化与设施等色彩统计与评价	具有一定的协调性	满足居民的审美要求，具有协调统一性
	活动空间丰富性	面积 针对不同气候、季节的活动空间安排 躲避雨雪风便利度	选址和设置适应寒地多季节特点	能够满足躲避雨雪风的需求且使用便利
	绿化空间	多季节绿化	适当增加各季绿化水平	考虑不同的季节进行室外绿化的交叉搭配，并提高绿化率
	休息空间	材质	坚固且温暖	注重材质及品质，且符合老年人人体工学特征
		使用便利度	便于老年人使用	满足老年人行为特征
	楼体质量	高度	不强制要求	以多层为主
		楼房形式	不强制要求	美观有辨识度
	楼内环境	楼梯形式	便于使用，梯段高度适宜，楼梯有扶手	便于使用，梯段高度适宜，楼梯有扶手
		电梯	加设电梯	满足规范，2 部以上电梯
		墙面清洁平整度	清洁平整	墙面材质及颜色选择要求高
		休息平台	加宽且有适老化扶手	加宽且有适老化扶手
	户内环境	户型满意度	不强制要求	从适老化及满足未来老年人需求发展的角度设计
		景观	窗外景观	窗外景观

续表 5.13

准则层	指标层	数据层	达标要求	
			老旧住区	新建住区
功能与空间	养老服务设施	空间丰富性	不强制要求	空间丰富度
		服务类别	满足老年人的需求	满足老年人的需求
		选址	选址合理	选址合理
交通与流线	住区内部交通	风雪走廊	不强制要求	居住区连通各处的室内走廊
		地上无车系统	住区内无车辆	住区内无车辆
		医疗便利度 出行便利度 餐饮便利度	便于老年人使用	便于老年人使用
	内部关联	组团布局模式 组团之间的关系	连接便利	连接便利
服务与设施	住区内设施	会所	不强制要求	独立会所且配备多种室内高档活动
		住区食堂	品质提升	品质提升
		垃圾回收站点	不强制要求	有楼内垃圾管道
		活动室	空间质量	空间质量
	住区内管理	管理力度	不强制要求	有专门管家
	住区内适老化设施	住区道路适老化尺度	不强制要求	设计时参考老年人行为特征
		照明率	高照明率且有美观作用	高照明率且有美观作用
绿化与景观	绿化率	丰富度	类型丰富,满足较强的观赏性,种类丰富	类型丰富,满足较强的观赏性,种类丰富
		亲人程度	有一定的亲人空间	有一定的亲人空间
	标志性	住区标志增强地标性加强老人记忆	有利于老龄人记忆的特征	有利于老龄人记忆的特征

续表 5.13

准则层	指标层	数据层	达标要求	
			老旧住区	新建住区
主观软性需求	文化活动	活动丰富性	满足老年人的需求	满足老年人的需求
		活动安排合理	活动安排依据老年人作息规律且迎合时节	活动安排依据老年人作息规律且迎合时节
		活动频率	频率适宜	频率适宜
		老人参与度	能带动老年人的参与热情	能带动老年人的参与热情
		活动宣传力度	通知到每一位老年人	通知到每一位老年人
	社会关系维护	与住区邻里关系	促进邻里关系融洽,创造邻里相处空间	促进邻里关系融洽,创造邻里相处空间
		与家人朋友聚会	便于聚会	便于聚会
	心理感受	外界干扰度 邻里和谐程度 安全感	注重老年人心理感受营造	注重老年人心理感受营造
智慧服务	智慧医疗服务	智慧远程会诊平台	满足老年人看病需求	满足老年人看病需求
		智慧用药提醒系统	保证老年人日常及时用药,避免出现危险	保证老年人日常及时用药,避免出现危险
	智慧健身服务	智慧锻炼指导检测系统	保证老年人在科学的指导下,进行适宜的运动	保证老年人在科学的指导下,进行适宜的运动
		室内健身设施	满足老年人在不能出门时的锻炼需求	满足老年人在不能出门时的锻炼需求
	智慧亲情维护服务	智慧家人沟通平台	帮助老年人与家人进行沟通,满足老年人亲情需要	帮助老年人与家人进行沟通,满足老年人亲情需要

续表 5.13

准则层	指标层	数据层	达标要求	
			老旧住区	新建住区
智慧服务	智慧生活服务	智慧健康检测系统	智慧检测老年人日常健康状态	智慧检测老年人日常健康状态
		智慧睡眠监测系统	智慧监测老年人的睡眠情况,防止在睡眠过程中出现意外	智慧监测老年人的睡眠情况,防止在睡眠过程中出现意外
		智慧生活服务点单平台	满足老年人日常生活所需,提供及时的智慧上门服务	满足老年人日常生活所需,提供及时的智慧上门服务
		智慧异常行为监测系统	监控老年人日常室内行为,及时发现跌倒等异常行为,避免出现危险	监控老年人日常室内行为,及时发现跌倒等异常行为,避免出现危险

5.4.2 基于需求变化的住区适老化评价模型的分析与修正

当前各个城市在突发公共卫生事件的前期预防、医院救治以及后期城市防控等方面已经积累了较多的处理经验。各大企业对于公共卫生事件的应对措施为医疗服务和城市交通带来了更多改变。比如通过线上会诊打破地域限制;通过各地病患信息共享,建立通行的医疗档案,从而更好地处理病情;搭建智慧交通平台,用云计算等技术确保特勤车辆的出行畅通,城市各路段实时监控,加强对拥堵路段的定位和处理,从而促进交通安全,保证特殊情况下的城市正常运转。

老年人作为易感染人群需要受到更多的来自社会、家人的关怀和照顾。老年人自身患有慢性病或者其他并发症,虽不需要长时间就医治疗,但在日常生活中也需要长期服药,定时定期进行身体健康检查,专业的照料和护理必不可少。情况更为严重的,如生活不能自理、残障的老年人,更需要专业的康复训练和日常护理。如遇到突发公共卫生事件,老年人喜欢的各项户外运动量将大幅下降,这对老年人的身体势必带来不良影响,可能打破老年人规律的日常作息,也限制了老年人及时就医。所以,智慧城市和智能服务将发挥关键作用来保证老年人的日常生活和医疗服务。综上,本书通过问卷的形式调查了不同养老模式的老年人对智慧城市和智能服务的认知有何差异。调查结果见表 5.14。

表 5.14　不同养老方式老年人对智慧城市和智慧服务的了解程度及需求调查结果　%

问题	居家养老	社区养老	机构养老
了解智慧城市或智能服务	5.1	6.3	10.5
在日常生活中接触过智能服务	1.2	2.3	6.9
愿意使用智能服务	51	62.3	65.9
如果有相关培训,愿意参加	50.3	60.7	67.3
不愿意参加的原因			
①学习能力差	61.3	65.7	69.5
②不感兴趣	15.8	13.2	12.4
③其他原因	22.9	22.1	18.1
最希望有何种类型的智能服务			
①智能远程会诊平台	31.4	34.5	33.6
②智能健康检测系统	23.5	11.4	10.4
③智能用药提醒系统	21.4	10.6	9.8
④智能睡眠监测系统	7.9	10.1	9.5
⑤智能家人沟通平台	3.2	30.3	35.7
⑥智能生活服务点单平台	12.6	3.1	1

从表 5.14 可以看出,现有 3 种养老模式下的老年人日常使用智能服务的频率和了解程度均较低,不过 3 种养老方式的老年人都对智能服务持有积极态度并且愿意参加相关智能服务使用的培训活动。这说明智能服务的推广和普及还有很大的进步空间;对自己学习能力比较担忧的老年人是不愿意参加培训活动的主体,而且由于不感兴趣而不参加培训活动的老年人在 3 种养老方式中都占少数。3 种养老方式下的老年人对于智能远程会诊平台的期望都比较高,证实了老年人在就医时仍有许多需求尚未满足这一点,所以需要智能远程会诊平台;除了居家养老模式下的老年人均对智能家人沟通平台有期望,这可能是由于社区和机构养老的老年人与家人的沟通交流较少;而居家养老的老年人对于智能健康监测和用药提醒系统的需求高于另外两种模式下的老年人,这可能是由于社区和机构养老的老年人享受到了专业健康护理和来自专业照料人员的服务。

5.4.3　基于需求变化的住区适老化微更新策略

养老机构更多地将日常生活的管理和服务转移到互联网,利用智慧养老系统提高服务效率。利用智慧化系统为环保健康、绿色舒适的养老设施提供适老化微更新，利用最新科技全方位提高养老住区建筑改造和设施升级，优化服务。

1. 针对突发公共卫生事件下的居家养老模式微更新策略

在突发公共卫生事件下，居家养老模式下的老年人的应对措施可以反映出很多问题。第一，由于老年人身患慢性病和其他基础疾病的比重大，部分老年人自身免疫系统功能衰弱，喜欢人群密集的相处模式导致老年人成为公共卫生事件中的"易感染人群"。第二，居家养老为主的老年人接收外界信息渠道单一，主要依靠社区内的信息展示和宣传，接收信息时效性低，这对老年人的生活带来诸多不便。第三，交通临时管控给老年人带来交通出行困扰，公共服务设施临时关闭则打破了老年人正常的户外锻炼作息，社区封闭管理隔断了人际交往，这都让老年人的生活受到影响。

要加强居家养老模式下寒地老年人应对突发公共卫生事件的处理能力，需要通过寒地住区微更新建立住区互助系统。在住区范围内，加强不同年龄段居民的沟通，消除不同行为模式下产生的偏见和不解，为居家养老创造和谐、互助的生活环境。互助系统收集整理各个居家养老老年人遇到的难题，与系统支援意愿相匹配，实时同步，鼓励同住区居民内部进行解答，既能弥补居家养老老年人的实际问题，还能节约社区工作人员资源，改善住区内适老化建设。让住区内居民共同制定社区政策，鼓励志愿、爱心活动，参与设计公共空间。将住区资源利用率达到最大化，进一步优化居家老年人的生活环境。特别是在平台管理中收集老年人的生活状态信息，比如为独居老年人和半失能老年人提供免费口罩、卫生消毒物资和生活必需物资等。

在应对公共卫生事件中，居家养老模式下的老年人面临更严峻的考验，通过住区微更新健全公共卫生服务系统，在住区内进行卫生服务网络的全覆盖，特别是优化社区公共设施周边道路，运用无障碍设计合理布局，保证老年人通行流畅度。还可以将住区内卫生服务设施灵活性处理，设置紧急应对空间，将卫生服务功能进行合理转换，为老年人提供更及时的应对服务，除此还需要做好卫生服务设施的整合和分散，对相对集中型的住区进行医疗卫生资源整合，可以快速建立老年人身体信息资料库，为进一步的远程会诊和集中转诊提供便利；对空间比较独立的住区做好医疗资源的分散，有利于为老年人提供更便捷的医疗服务，同时降低由于人口密集带来的传播概率，帮助大型医疗机构分流，减轻负担。

通过住区微更新，在住区公共空间内搭建智慧管理与社会服务相结合的智慧管理平台（图 5.40）和智能家居与大数据分析的服务平台（图 5.41），升级住区公共空间的功能，支撑住区和互助系统，满足老年人的养老新需求，营造和谐健康的生活环境。在住区物理空间内对设施资源进行整合，比如在住区出入口划定区域进行无人化智慧管理，用热成像人体测温仪对出入住区人员进行体温检测。对住区景观做全新规划，可以在公共空间内门、窗、电梯等处增加声控系统，利用人脸识别、光感反应等高科技手段改善住区景观，保障住区卫生安全。在公共空间内加设智能物流配送服务，各建筑空间实现智能网络化连接，由机器人进行配送减少外来人员接触，降低感染风险。对住区内生活缴费平台进行智能化管理，保证居民足不出户也能享受充足的物资供给。为满足老年人对公共卫生事件知识的需求可以将住区公共活动室的功能进行灵活处理，开设以家庭为单位的线上学习课堂，调动住区内居民相互传播相关知识，帮助老年人实现再教育，增加邻里互动为老年人居家养老提供更丰富的活动，提高养老归属感，创造积极向上的养老生活。

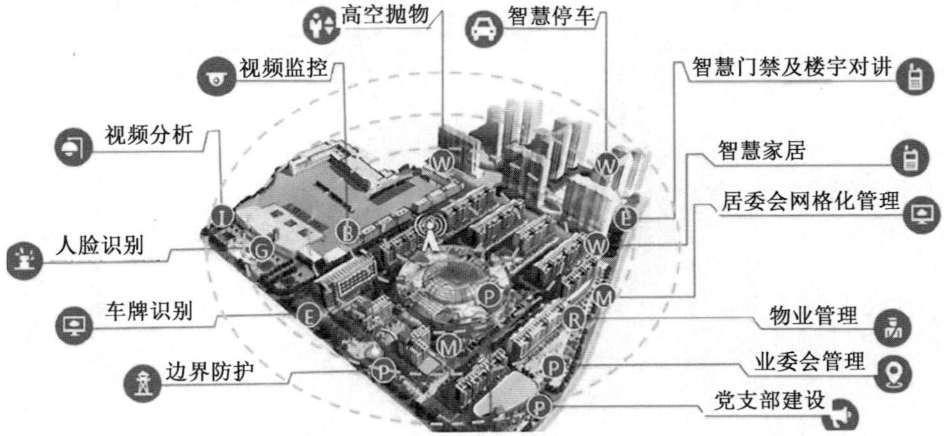

图 5.40　智慧管理平台

此外还有以下策略，可以为老年人提供更加安全健康的居家养老生活环境。

增加卫生和健康设施。例如，可以安装独立的卫生间和淋浴设施，避免交叉感染和传播疾病。同时，还可以增加室内空气净化设施和消毒设备，提高家庭空气质量和卫生水平。

建立紧急救援和逃生通道。可以在家中设置紧急救援电话和报警装置，方便老年人及时寻求帮助。同时，还可以建立逃生通道和安全避难所，方便老年人在紧急情况下迅速撤离。

改善室内通行和安全设施。安装防滑地板和扶手，方便老年人在室内行走和保持平衡。同时，还可以设置烟雾报警器和自动喷水灭火装置，提高家庭安全水平。

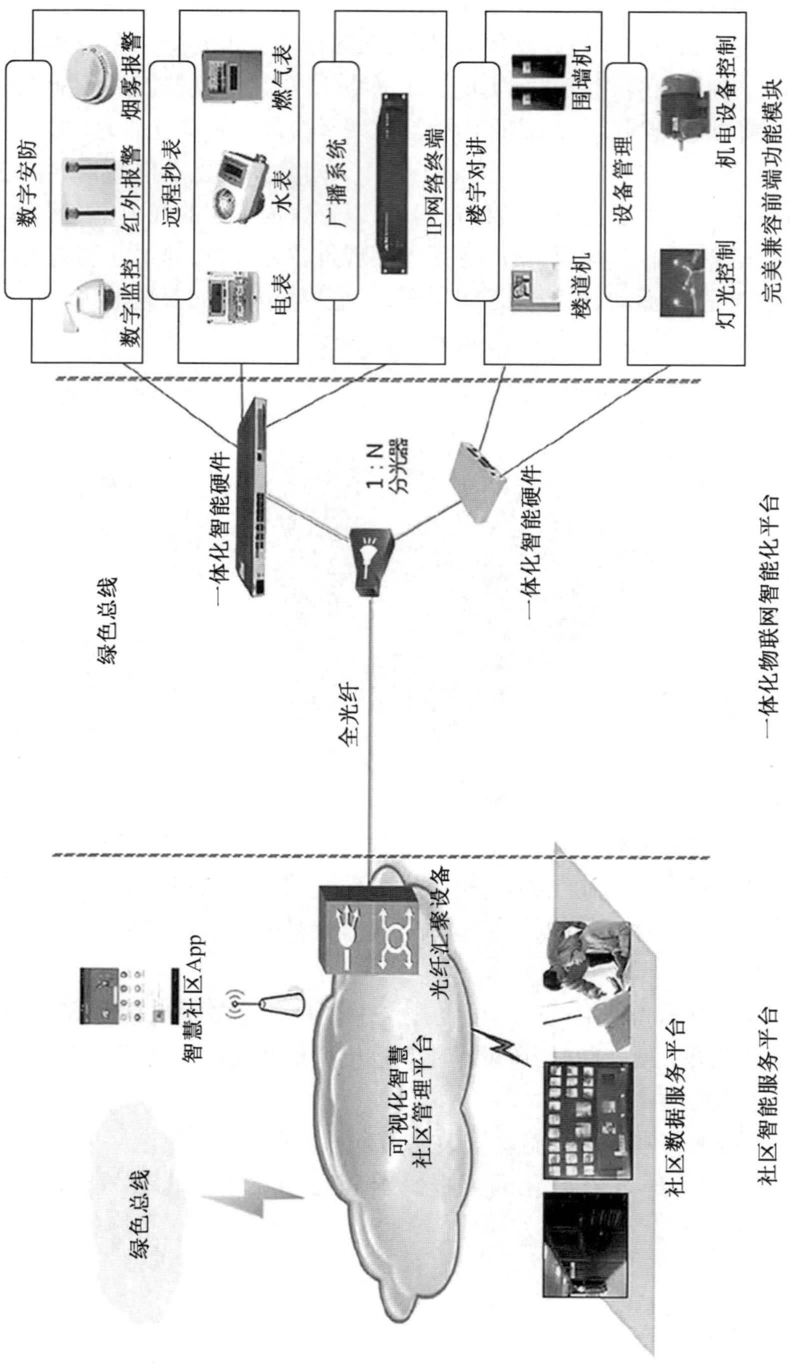

图 5.41　大数据分析的服务平台

2. 针对突发公共卫生事件下的社区养老模式微更新策略

社区作为老年人生活的独立单位不仅要保障老年人日常生活的正常进行，还要保障在隔离期间生活物资和医疗物资的供应。这对传统的社区服务提出了新要求，如何建造合理的建筑和合理的空间布局是以后社区适老化微更新的工作重心。现有的社区养老中心内部交通一般采用单一通道设计，容易出现人员聚集的情况。可以将养老中心内交通路线改制为房廊结合模式，将连廊作为连接通道，增加活动面积，在必要时形成闭环管理。在现有的电梯和楼道设计中，货梯紧邻客梯，时常产生交叉使用情况。因此垂直交通流线要分开设置，在建筑的两端安装电梯、设置楼梯，开辟多条独立垂直通道，将客梯与货梯分离，避免交叉感染。

现有的养老中心各功能区分布比较集中，住宿、休闲娱乐等场所会同时容纳所有人，集中人群带来的安全隐患会更大，无法实现闭环管理。所以在社区养老服务中心的布局微更新上可以进行分散性布局。将各项基础服务设施围绕住宿区分散布局，使老年人更快捷地享受到餐饮、休闲、康复护理等各项服务，打通各功能空间的路线连接，安装隔离门窗进行闭环处理。当遭遇突发公共卫生事件或重大意外时，可以将生活空间进行隔离管理，保障社区养老设施内老年人的健康与安全，在住宿与医疗设施之间的户外活动空间，增加绿色植被，改造道路，开辟多个独立空间的室外活动场地。除此之外还可以根据地理环境特色，选用“回”字形空间布局实现闭环管理。

在社区养老设施内部空间微更新上，要增设缓冲区。在入口处单独开辟一片区域作为功能转化活动区，突发重大公共卫生事件时可以在入口设置隔离区进行人员体温监测和防疫物资的消毒，这样可以将外部人流做一个安全分区，保证住区内隔绝污染。住区内部要增设新风系统保证气流循环，将过滤的气流进行外部排放，保证住区内气流畅通，减少空气中携带病毒的威胁。

3. 针对重大公共卫生事件下的机构养老模式微更新策略

要完善机构养老服务体系就要把目光聚焦在辅助服务空间微更新设计上，结合养老机构内现有设施的微更新规划，在空间设计、功能转化和卫生处理三方面做出改建。

在养老机构建筑入口处设置隔离区。在独立隔离区接收疑似患病老年人进行医学观察，减少交叉感染的可能性。隔离区必须与生活区严格分开，保证隔离区内部每日消毒，单独开设出入口，保障消防车辆和紧急救护车的畅行，最好将隔离区的出入口与住区总出入口进行适当远离。隔离区既是保护养老机构的第一道屏障也能在突发重大公共卫生事件时作为亲属来访区。隔离区拥有独立的交通流线，避免与人流交叉，并在内部严格设立清洁区、半污染区、污染区等各项功能区间。隔离区内封闭的管理模式会使老年人承受巨大心理压力，易产生焦虑、消极的情绪，因此，隔离区住宿空间要保证良好的通风、充足的日照、开放的环境以及合适数量的绿植来缓解压力，激发老年人对生活的信心。

支撑隔离区高效运转的背后是养老机构完善的管理制度。为预防突发重大公共卫生事件，机构内部要加强应急反应策略，多次演习达到最好控制效果。同时成立紧急工作小组，负责这一时期的统筹工作和人员管理，建立长期护工培养机制，开展多项护理知识培训，提升工作人员工作能力和服务水平，为老年人提供专业、高效的应急服务。

养老机构的信息宣传是老年人获取信息的主要途径，因此，养老机构要加大宣传力度，通过多种形式，比如线上演讲、张贴海报等方式宣传正确的防护步骤和科学知识，增加老年人对公共卫生事件的正确认知，配合防控工作的开展。同时封闭管理给老年人带来的心理压力也需要专业心理辅导员进行心理辅导，开设多种心理咨询项目，帮助老年人克服不安、焦虑情绪，通过语言鼓励老年人树立信心，保持积极乐观的心态。

在面对突发重大公共卫生事件时，污物的处理至关重要，处理不当容易导致传染源泄露，造成更严重的传染事件。因此针对当前单通道型养老机构很难在空间上进行洁污划分的问题，进行合理的洁污流线分区很有必要。分明的洁污流线能保障各区域内卫生安全，降低交叉感染风险，还能为日常生活提供便利。将老年人主要生活居室内部走廊作为洁净区使用，将通往外部的阳台作为排污区，使两线分离，避免交叉感染，保障居室卫生安全。在居室与阳台之间设立移动隔离板，突发重大公共卫生事件期间就可以保证居室内有内外双区设置，将居室作为隔离空间单独使用。当发生其他紧急事件时，还可以把外廊用作应急通道。

随着我国人口老龄化加剧，智慧健康养老产业发展将迎来黄金发展期，通过借助物联网、大数据、云计算、人工智能等技术手段构建线上智能养老云平台，整合多种智慧养老设备和产品，可以进一步保障和提升老年人群的生活质量。智能触摸情景开关可以通过一键触摸控制实现回家模式、离家模式、会客模式和用餐模式的转换。开关采用 2.5D 玻璃面板，且带有背景 LED 灯提醒，耐脏、耐磨、好清洁，触摸方便，操作简单，非常适合老年人使用。厨房安装烟雾报警器、水浸探测器以及燃气传感器和智能触摸开关等相关智能产品。客厅也安装多款智能单品方便老年人在家时给予多重的安全防护，同时多功能空气质量监测传感器也与空气净化器相连，保障室内的空气质量，给老年人一个健康的居住环境。为老年人安装智能窗帘，通过智能窗帘开关可以轻松实现窗帘的开和关。卧室里为老年人准备好多功能护理床，在睡觉的同时也能更好地保护老年人的健康，一键触摸报警开关可以快速地将危险信息提交。该智慧养老微更新案例通过多种智能产品和智能看护报警等系统为老年人提供更安全和全面的养老服务。

对本书建立的适老化微更新评价见表 5.15。该小区改造案例的总体得分为

70.626,在智慧养老环境适老化微更新方面取得了一定的效果。在楼内环境、户内环境、住区内管理、住区内适老化设施方面分别取得了 65.039、75.268、69.067、74.339 的分数。通过该适老化微更新评价模型,可以有效对不同智慧养老住区适老化微更新效果进行模拟与分析,并根据结果对模型进行负反馈调整,完善模型,进而在未来进一步指导不同智慧养老住区的适老化和微更新工作。

表 5.15　改造案例适老化微更新打分

目标层		准则层		指标层	
小区	得分	指标	得分	指标	得分
该案例适老化服务及空间	70.626	功能与空间	59.796	周边城市环境	67.366
				住区在城市中的空间布局	65.192
				协调性	51.938
				活动空间丰富性	60.368
				绿化空间	60.533
				休息空间	60.238
				楼体质量	56.094
				楼内环境	65.039
				户内环境	75.268
				养老服务设施	50.260
		交通与流线	67.335	住区内交通	52.719
				内部关联	50.032
		服务与设施	67.159	住区内设施	51.996
				住区内管理	69.067
				养老服务	56.390
				住区内适老化设施	74.339
		绿化与景观	61.699	绿化率	57.819
				标志性	53.231
		主观软性需求	60.185	文化活动	60.533
				社会关系维护	60.095
				心理感受	63.198

参 考 文 献

[1] 丁林梅. 辽宁城市老龄化特征、成因及其应对策略研究[J]. 学理论,2017(12):112-114.

[2] 曹力鸥. 人口老龄化对社区规划和住宅建设的影响[J]. 国外城市规划,1999,14(3):19-24.

[3] 王承慧. 美国住区养老模式的探索与启示[J]. 现代城市研究,2012,27(8):35-44.

[4] 陈小卉,杨红平,钟睿. 居家养老模式下的居住区适老化建设思考——基于江苏省的实证[J]. 城市建筑, 2018(21):24-27.

[5] 宁雅静. 基于公共住房制度的新加坡"就地养老"政策简介[EB/OL]. [2021-12-30]. https://doi.org/10.19830/j.upi.2021.278.

[6] 谢明月. 既有住区公共空间中适老化改造研究[J]. 美与时代(城市版),2021(9):42-43.

[7] 邓士文. 基于"都市针灸"理论的社区微更新研究[D]. 广州:华南理工大学,2020.

[8] 苏童. 居家养老模式下的室内空间设计研究[J]. 西部皮革,2021,43(18):103-105.

[9] 丁怡文. 存量社区公共空间微更新设计研究[D]. 长春:吉林建筑大学,2019.

[10] 朱天禹. 德国的适老住宅建设和适应性改造[J]. 建筑师,2021(4):26-37.

[11] 宋若尘,张宇,聂晨曦. 基于老幼行为调研的严寒地区既有住区外环境微更新策略研究[J]. 住区,2019(2):108-115.

[12] 高岳. 社区养老模式下西安市住区公共空间适老化改造设计研究[D]. 西安:西安建筑科技大学,2018.

[13] 宋若尘. 当代城市旧社区公共空间微更新设计策略研究[D]. 哈尔滨:哈尔滨工业大学,2019.

[14] 杜怡芳,黄建中,胡刚钰. 治理视角下社区微更新多元主体协同营造机制研究——以上海典型社区为例[J]. 城市建筑,2021,18(31):42-47.

[15] 李婷. 老龄化背景下老旧社区设施适老化改造研究[J]. 北方建筑,2021,6(4):37-40.

[16] 张旭,彭飞. 安全性视角下的社区适老化更新[J]. 建筑与文化,2021(8):200-201.

[17] 张芊仪. 既有社区公共空间适老性改造策略研究[J]. 城市建筑,2021,18(23):35-37.
[18] 罗爱美,王纯鸽,郭皓宇,等. 基于居家养老模式下的老旧住宅小区适老化改造探究——以汉中市汉台区为例[J]. 安徽建筑,2021,28(7):37,43.
[19] 刘怿,解韬. 基于原居安老的居家环境适老化改造服务研究:澳大利亚的经验与启示[J]. 老龄科学研究,2021,9(7):64-77.
[20] 马贵侠,于竞宇. 满意度与需求交互视角下城市社区适老化实证研究:以合肥市为例[J]. 老龄科学研究,2021,9(7):12-26.
[21] 王敏. 全龄化社区养老服务中多元利益主体的博弈分析[D]. 济南:山东建筑大学,2021.
[22] 黄天明. 基于老年人活动特征的社区室外健身场地可达性研究[D]. 北京:北京建筑大学,2021.
[23] 谭兆秋. 黑龙江省老旧住区绿色改造可持续性评价研究[D]. 哈尔滨:东北林业大学,2021.
[24] 季旻瑶,宋玉雪,余冯月,等. 微更新视角下苏州老住区公共空间适老化提升策略研究——以苏州科技大学周围老住区公共空间为例[J]. 建筑与文化,2020(11):176-178.
[25] 熊钰. 老年人时空行为与生活空间耦合评价指标体系研究[J]. 城市建筑,2020,17(26):53-55,110.
[26] 邓士文. 基于"都市针灸"理论的社区微更新研究[D]. 广州:华南理工大学,2020.
[27] 高瑾萱. 北京市封闭式居住区开放空间的社会化微改造研究[D]. 北京:北方工业大学,2020.
[28] 宋晓林. 基于层次分析法的城市老居住区外环境适老化改造设计研究[D]. 青岛:青岛理工大学,2020.
[29] 蒙山. 基于需求层次理论的老年公寓建筑空间使用后评价研究[D]. 西安:西安建筑科技大学,2020.
[30] 解坤坤. 基于品质提升的广州老旧住区公共空间微改造策略研究[D]. 广州:广东工业大学,2020.
[31] 徐磊青. 城市社区生活圈规划:从体系完善到机制创新[J]. 城市建筑,2018(36):6.
[32] 薛泰琳. 潮州古城古街巷保护活化和微更新:以太平街道改造整治项目为例[J]. 城市建筑,2021,18(30):83-85.
[33] 马海童. 基于养老需求的沈阳既有社区老旧建筑改建研究[D]. 沈阳:沈阳建筑大学,2019.

[34] 张原浩. 广州旧城传统居住街区微更新设计策略研究[D]. 广州:华南理工大学,2018.
[35] 彭昊. 基于"城市修补"理念的老旧住区街道开放空间改造研究[D]. 北京:北京建筑大学,2018.
[36] 孙晶. 西安市老旧住区室外环境更新改造策略与方法研究[D]. 西安:西安建筑科技大学,2018.
[37] 方圆. 基于健康促进的既有住区微空间营造策略研究[D]. 哈尔滨:哈尔滨工业大学,2018.
[38] 周诗宇. 长春一汽职工住区户外空间活力营造研究[D]. 大连:大连理工大学,2020.
[39] 黄泓怡,姜浩,邓丽婷. 城市旧城住区居民生活圈空间特征及优化分析——以武汉市花园山社区和水陆社区为例[J]. 城市建筑,2020,17(12):25-29.
[40] 曲嘉瑶. 城市居住环境对老年人生活质量的影响:以北京市为例[J]. 城市问题,2018(12):44-54.
[41] 张鑫. 哈尔滨市老旧住区微更新对策研究[D]. 哈尔滨:哈尔滨工业大学,2019.
[42] 杨利胜. 城市社区公共空间微更新研究[D]. 苏州:苏州科技大学,2019.
[43] 付一然. 建筑师介入社区微更新的多元路径[D]. 青岛:青岛理工大学,2019.
[44] 彭润华. 合肥市老城旧住区"微更新"策略研究[J]. 城市建筑,2020,17(9):15-17.
[45] 彭润华. 微更新视角下旧住区公共空间品质提升研究[D]. 合肥:安徽建筑大学,2020.
[46] 张鑫. 哈尔滨市老旧住区微更新对策研究[D]. 哈尔滨:哈尔滨工业大学,2019.
[47] 杨利胜. 城市社区公共空间微更新研究[D]. 苏州:苏州科技大学,2019.
[48] 刘克嘉. 基于居民生活圈调研的既有住区适老性更新研究[D]. 天津:天津大学,2019.
[49] 王雅慧,王建廷. "社区老龄度"评价及社区适老化改造策略研究[J]. 天津城建大学学报,2019,25(4):233-238.
[50] 王文文. 基于 AHP-灰色关联分析法的沈阳市沈河区住区景观综合评价研究[D]. 沈阳:沈阳农业大学,2019.
[51] 黄瑞丰. 基于组合赋权-灰色关联分析法的养老地产项目投资决策评价研究[D]. 重庆:重庆大学,2019.
[52] 付一然. 建筑师介入社区微更新的多元路径[D]. 青岛:青岛理工大学,2019.
[53] 丁怡文. 存量社区公共空间微更新设计研究[D]. 长春:吉林建筑大学,2019.

[54]王瑶,姚栋,倪梦竹,等.基于问卷与后评估的住宅适老化改造目的与方法[J].当代建筑,2021(12):128-131.
[55] 李光耀.北京市丰台区棚改安置社区微更新研究[D].北京:北京建筑大学,2019.
[56] 白松.济南旧住区公共空间更新的适老化研究[D].济南:山东建筑大学,2019.
[57]李波.适老化更新下城市社区康养空间公共设施研究[J].中外建筑,2021(11):91-93.
[58] 宫芮."微更新"视角下的社区公共空间设计研究[D].上海:华东师范大学,2019.
[59] 王可心,段金娟,宣艾祺,等.社区智慧养老服务中的适老化设计标准体系建构[J].社会福利(理论版),2021(11):17-22,36.
[60] 邓康.合肥市社区卫生服务中心适老化评价与优化研究[D].合肥:合肥工业大学,2019.
[61] 宋若尘,张宇,聂晨曦.基于老幼行为调研的严寒地区既有住区外环境微更新策略研究[J].住区,2019(2):108-115.
[62] 吴岳.城市微更新视角下老旧住区热环境改善的绿化策略研究[D].徐州:中国矿业大学,2020.
[63] 宋若尘.当代城市旧社区公共空间微更新设计策略研究[D].哈尔滨:哈尔滨工业大学,2019.
[64] 陈从建,钱声源,葛明明.江苏老旧住区户外环境无障碍改造和提升策略研究[J].城市建筑,2021,18(31):8-10,22.
[65] 杜怡芳,黄建中,胡刚钰.治理视角下社区微更新多元主体协同营造机制研究——以上海典型社区为例[J].城市建筑,2021,18(31):42-47.
[66] 薛泰琳.潮州古城古街巷保护活化和微更新:以太平街道改造整治项目为例[J].城市建筑,2021,18(30):83-85.
[67] 崔丽琨.老旧住区适老化改造研究——以青岛市华城路五小区为例[J].城市建筑,2021,18(30):93-95.
[68] 刘彬,杨翠霞,田涛.老龄化无障碍研究进展及其对适老化环境建设的启示[J].中国老年学杂志,2021,41(20):4569-4574.
[69] 褚学琳,杜晶晶.既有住宅适老化适求型改造与设计策略[J].住宅产业,2021(10):21-23.
[70] 王洁,张恒,李俐.健康社区理念下的旧工业社区适老化更新策略探讨——以天津市河北区原华新纺纱厂地块为例[J].建筑与文化,2021(10):95-96.
[71] 齐玥彬,谢语诺,曹海婴,等.基于包容性设计的老旧住区外部空间适老化更

新策略研究——以合工大南村住宅区为例[J].建筑与文化,2021(10):171-173.
[72] 陈从建,严莹,葛明明,等.老旧住区适老化改造和无障碍环境建设策略研究[J].城市建筑,2021,18(28):130-132.
[73] 丁怡文.存量社区公共空间微更新设计研究[D].长春:吉林建筑大学,2019.
[74] 索健,仲文,滕敏伶,等.既有住区宅间环境对老年人活动的影响研究——以大连为例[EB/OL].http://epub.gou5juan.com/kcms/detail/44.1263.TU.20211217.1428.002.html.
[75] 杨亚锋,巩书鑫,王红瑞,等.可拓集与可变集的相容性辨析及耦合评价方法[J].系统工程理论与实践,2021,41(8):2137-2146.
[76] 褚晨晨.微更新视角下旧住区畸零空间改造策略探索——以济南市佛山苑小区为例[J].城市住宅,2021,28(6):134-135.
[77] 孙嘉金.昆明主城区老旧社区微更新研究[D].昆明:昆明理工大学,2021.
[78] 贾巍杨,程麒儒,王小荣.住区闲置设施改造为养老设施之潜力评价——以包头市为例[J].天津大学学报(社会科学版),2021,23(1):64-70.
[79] 姜洪庆,尹心桐,梁伟研,等.广州市越秀区既有城市住区公共服务设施适老化评价研究[J].城市发展研究,2020,27(10):125-133.
[80] 徐云.西安市旧住区更新居民满意度评价及提升策略研究[D].西安:长安大学,2020.
[81] 王紫熙.基于健康数据和典型社区调研的宜昌市既有住区适老化改造研究[D].广州:华南理工大学,2020.
[82] 杨晨.居家养老模式下南京市老旧住区公共空间适老化改造研究[D].南京:东南大学,2019.
[83] 王飘.历史街区保护与都市旅游开发的耦合协调度研究[D].重庆:重庆大学,2017.
[84] 郝学.居家养老模式下适老化设计标准研究与实践[D].北京:北京建筑大学,2017.
[85] 李聪.基于舒适度优化的沈阳旧住宅小区适老化景观更新研究[D].沈阳:沈阳建筑大学,2017.
[86] 方圆.基于健康促进的既有住区微空间营造策略研究[D].哈尔滨:哈尔滨工业大学,2018.
[87] 吕德才.合肥市居家养老服务满意度影响因素研究[D].蚌埠:安徽财经大学,2018.
[88] 孙祺宇.可持续发展视阈下老年人长期照护保障研究[D].长春:吉林大学,2017.

[89] 郝思静. 旧城区户外空间中老幼结合空间模式的探索[D]. 成都:西南交通大学,2017.

[90] 周玲吉. 高校旧住区公共空间环境适老化改造策略研究[D]. 天津:天津大学,2017.

[91] 杨叶. 基于“居家养老模式”居住小区适老化改造研究[D]. 北京:北京建筑大学,2017.

[92] 侯冰. 城市老年人社区居家养老服务需求层次及其满足策略研究[D]. 上海:华东师范大学,2018.

[93] 闫帅文. 大同市老年公寓居住空间环境研究[D]. 太原:太原理工大学,2018.

[94] 詹慧. 基于失智症老人行为心理特征的居住环境设计策略探究[D]. 成都:西南交通大学,2018.

[95] 徐海坤. 综合性老年公寓经营模式与项目融资综合决策研究[D]. 南昌:南昌大学,2018.

[96] 郑雪影. 中山市适老化住宅产品策划研究[D]. 广州:华南理工大学,2017.

[97] 韩彪. 基于耦合分析的居住型地铁站域商业设施微更新研究[D]. 北京:北京工业大学,2018.

[98] 郭彦. 西安养老机构及老旧社区老年居住空间室内环境研究[D]. 西安:西安建筑科技大学,2017.

[99] 叶怡君. 基于女性视角的居住环境适老化设计研究[D]. 徐州:中国矿业大学,2017.

[100] 宋丽娜. 基于知觉体验的老年公寓空间环境设计研究[D]. 徐州:中国矿业大学,2017.

[101] 张俭. 长春市既有住区适老化改造与优化策略研究[D]. 长春:吉林建筑大学,2018.

[102] 姜川. 徐州主城区养老服务设施布局规划研究[D]. 徐州:中国矿业大学,2017.

[103] 赵美玲. 城市居住环境中适老性的设计研究[D]. 长春:长春工业大学,2018.

[104] 高子悦. 长春市保障性住房户型的适老化改造研究[D]. 长春:吉林建筑大学,2017.

名词索引